智库 中社 金陵智库丛书

大都市发展的顶层设计

——以南京为例

叶南客 等◎著

中国社会科学出版社

图书在版编目（CIP）数据

大都市发展的顶层设计：以南京为例／叶南客等著．—北京：
中国社会科学出版社，2017.11
（金陵智库丛书）
ISBN 978 – 7 – 5203 – 1141 – 0

Ⅰ．①大…　Ⅱ．①叶…　Ⅲ．①城市规划—研究—南京
Ⅳ．①TU982.253.1

中国版本图书馆 CIP 数据核字（2017）第 244826 号

出 版 人　赵剑英
责任编辑　王　茵　孙　萍
责任校对　胡新芳
责任印制　王　超

出　　版　中国社会科学出版社
社　　址　北京鼓楼西大街甲 158 号
邮　　编　100720
网　　址　http://www.csspw.cn
发 行 部　010 – 84083685
门 市 部　010 – 84029450
经　　销　新华书店及其他书店

印　　刷　北京君升印刷有限公司
装　　订　廊坊市广阳区广增装订厂
版　　次　2017 年 11 月第 1 版
印　　次　2017 年 11 月第 1 次印刷

开　　本　710×1000　1/16
印　　张　12.5
插　　页　2
字　　数　192 千字
定　　价　55.00 元

金陵智库丛书编委会

主　　编　　叶南客

副主编　　石　奎　　张石平　　张佳利

编　　委　　邓　攀　　朱未易　　黄　南
　　　　　　谭志云　　周蜀秦

总　序

　　加强智库建设、提升智库的决策服务能力，在当今世界已经成为国家治理体系的重要组成部分。十八届三中全会通过的《中共中央关于全面深化改革若干重大问题的决定》明确强调，要"加强中国特色新型智库建设，建立健全决策咨询制度"。2015 年，中共中央办公厅、国务院办公厅据此印发了《关于加强中国特色新型智库建设的意见》。2016 年，习近平总书记在哲学社会科学工作座谈会上的重要讲话，鲜明地提出了"加快构建中国特色哲学社会科学"这一战略任务，为当前和今后一个时期我国哲学社会科学的发展指明了方向。2017 年，在党和国家事业发生历史性变革之际，习近平总书记在党的十九大报告中深刻阐述了新时代坚持和发展中国特色社会主义的一系列重大理论和实践问题，提出了未来一个时期党和国家事业发展的大政方针和行动纲领，进一步统一了全党思想，吹响了决胜全面建成小康社会、夺取新时代中国特色社会主义伟大胜利、实现中华民族伟大复兴中国梦的号角！在这一关键阶段，充分发挥新型智库的功能，服务科学决策，破解发展难题，提升城市与区域治理体系与治理能力的现代化，对促进地方经济社会的转型发展、创新发展与可持续发展，加快全面建成小康社会，实现中华民族伟大复兴的中国梦，具有重要的战略价值导向作用。

　　南京是中国东部地区重要中心城市、特大城市，在我国区域发展格局中具有重要的战略地位，其现代化国际性人文绿都的定位已经被广为知晓、深入人心，近年来在科教名城、软件名城、文化名城以及幸福都市的建设等方面，居于国内同类城市的前列。在全力推进全面深化改革的新阶段，南京又站在经济社会转型发展和加速现代化的新的制高点上，围绕江苏"两聚一高"和本市"两高两强"新目标要求，加快建设"强富美高"新南京。如何在"五位一体"的总布局下，落实全面深化改革的各项举措，聚力创新加快转型，亟需新型智库立足时代的前沿，提供战略的指点与富有成效的实践引导，对一些发展难题提出具体的政策建议和咨询意见。

值得称道的是，在国内社科系统和地方智库一直具有重要影响力的南京市社会科学院及其主导的江苏省级重点培育智库——创新型城市研究院，近年来围绕南京及国内同类城市在转型发展、创新驱动、产业升级、社会管理、文化治理等一系列重大问题、前沿问题，进行富有前瞻性的、系统的研究，不仅彰显了资政服务的主导功能，成为市委、市政府以及相关部门的重要智库，同时建立起了在省内和全国具备话语权的研究中心、学术平台，形成了多个系列的研究丛书、蓝皮书和高层论坛品牌，在探索新型智库、打造一流学术品牌、城市文化名片方面，取得了令人瞩目的成绩，走出了地方智库开拓创新、深化发展的新路径。自2014年以来打造的《金陵智库丛书》，则是南京市社会科学院、创新型城市研究院的专家们近年资政服务与学术研究成果的集成，不仅对南京的城市转型以及经济、社会、文化和生态等多个方面进行了深入、系统的研究，提出了一系列富有建设性的对策建议，而且能立足南京、江苏和长三角，从国家与区域发展的战略层面破解了城市发展阶段性的一些共同性难题，实践与理论的指导价值兼具，值得在全国范围内进行推介。

《金陵智库丛书》围绕南京城市与区域发展的新挑战与新机遇，深入探讨创新驱动下的当代城市转型发展的路径与对策，相信对推动南京的全面深化改革，提升南京首位度，发挥南京在扬子江城市群发展中的带头作用，具有一定的战略引导与实践导向作用。一个城市的哲学社会科学发展水平和学术地位是衡量这座城市综合竞争力的代表性指标，是城市软实力的重要组成部分。要做好南京的社会科学工作，打造学术研究高地，必须始终坚持正确的政治方向和学术导向，必须始终坚持高远的发展目标，必须始终坚持面向社会、面向实践、面向城市开展研究，必须始终坚持特色发展打造优势学科，必须始终坚持高端人才培养优先的战略，必须始终坚持全社会联动增强社科队伍凝聚力和组织性。我们南京社科系统的专家学者，要以服务中心工作为使命，在资政服务、学术研究等方面，具有更强的使命感、更大的担当精神，敢于思考、勇于创新，善于破解发展中的难题，多出精品，多创品牌，为建设高质量、高水平的新型地方智库，为建设社科强市做出新的更大的贡献。

叶南客

（作者系江苏省社科联副主席、南京市社会科学院院长、

创新型城市研究院首席专家）

目　录

第一章　新阶段　新环境 ……………………………………………（1）

第一节　南京——中国特大型城市发展的新阶段 ………………（1）

一　南京城市发展的现状 ………………………………………（2）

二　南京城市发展所处的新阶段 ………………………………（5）

第二节　南京城市发展的新环境 …………………………………（10）

一　国际环境 ……………………………………………………（10）

二　国内环境 ……………………………………………………（13）

三　省内环境 ……………………………………………………（17）

第三节　南京城市发展的新要求 …………………………………（19）

一　在全球大背景中来谋划，把握全球发展趋势 ……………（20）

二　充分主动对接国家战略，提升开放合作水平 ……………（20）

三　发挥带头引领作用，提升首位度 …………………………（20）

四　立足自身发展特色和优势，提升核心竞争力 ……………（21）

第四节　南京城市发展的新趋势 …………………………………（22）

一　多规合一理念下的大都市协同发展 ………………………（22）

二　特大城市功能定位下的人口结构更趋优化 ………………（23）

三　后青奥时代下的国际化趋势明显 …………………………（25）

四　人文绿都视角下的现代化进程加快 ………………………（27）

五　提升首位度战略下的城市功能优化 ………………………（28）

第二章　新挑战　新特征 ……………………………………………（30）

第一节　城市发展存在的困境 ……………………………………（30）

一　经济发展方式转型动力不够强大 …………………………（30）

　　二　城乡二元结构没有根本改变 ……………………………（34）

　　三　文化自主生长能力相对较弱 ……………………………（40）

　　四　生态环境质量尚未根本好转 ……………………………（43）

　　五　人口发展非均衡性现象突出 ……………………………（48）

　第二节　城市发展面临的挑战 …………………………………（53）

　　一　经济动力的挑战 …………………………………………（53）

　　二　环境生态的挑战 …………………………………………（61）

　　三　文化发展的挑战 …………………………………………（62）

　　四　民生发展的挑战 …………………………………………（63）

　第三节　城市发展呈现的特征 …………………………………（64）

　　一　重点领域与关键环节率先突破 …………………………（64）

　　二　提质增效与融合发展渐成主流 …………………………（68）

　　三　创新能级与创新生态有效改善 …………………………（69）

　　四　社会治理和服务体系深度调整 …………………………（71）

　　五　城乡一体化发展格局加快形成 …………………………（72）

第三章　新思维　新理念 …………………………………………（75）

　第一节　中国大都市发展的逻辑转换与思维转型 ……………（75）

　　一　近代中国：开埠通商与"通商型城市" ………………（75）

　　二　中华人民共和国成立初期 30 年：单位化与

　　　　"组织型城市" ……………………………………………（77）

　　三　改革开放 30 年：市场化与"增长型城市" ……………（78）

　　四　"十三五"新逻辑：从"增长"转向"治理" …………（80）

　第二节　"人居三"新城市议程与中国大都市 ………………（84）

　　一　新城市议程与中国经验 …………………………………（85）

　　二　新共识与中国的城市梦想 ………………………………（88）

　　三　"五大发展理念"与中国方案 …………………………（89）

　第三节　践行新理念：建设"强富美高"新南京 ……………（92）

　　一　协调推进"四个全面"，践行"五大理念" ……………（92）

　　二　"五个迈上新台阶"，建设"强富美高"新南京 ………（95）

　　三　提升首位度："两聚一高"中增创新优势 ………………（98）

第四章 新定位 新目标 ……………………………………（101）

第一节 "现代化国际性人文绿都"的总定位与总目标 ……（101）

一 "现代化国际性人文绿都"城市定位的历史演进 ………（101）

二 "现代化国际性人文绿都"总定位在"十三五"的
目标愿景 …………………………………………………（105）

第二节 城市竞争力提升下人口发展的定位与目标 ………（112）

一 人口结构变化与城市竞争力提升的互动关系 ………（112）

二 发达国家人口结构变化对中国的经验启示 …………（115）

三 人口变动对南京城市综合竞争力的影响 ……………（119）

四 "十三五"南京人口发展的定位与目标 ……………（122）

第三节 后青奥时代南京国际化发展的战略定位 …………（124）

一 全球经济"再平衡"与中国城市的崛起 ……………（124）

二 奥运大事件对城市国际化的"加速效应" …………（126）

三 全球典型奥运城市的国际化发展 ……………………（127）

四 南京城市国际化历程与后青奥时代开启 ……………（132）

第四节 南京"十三五"发展的战略目标 …………………（136）

一 国内外一线城市"十三五"规划目标 ………………（137）

二 南京"十三五"发展的战略目标 ……………………（144）

三 南京"十三五"发展的概念定位 ……………………（145）

四 南京"十三五"发展的主要标志 ……………………（146）

第五章 新战略 新路径 ……………………………………（148）

第一节 "多规合一"理念下的大都市发展战略 …………（148）

一 全面深化改革：加速形成市场配置资源决定性作用
的体制机制 ……………………………………………（149）

二 推进城乡一体化：实现全域经济社会均衡协调发展 …（151）

三 建设智能基础设施：提升城市治理水平 ……………（152）

四 全面服务国家战略：发挥区域发展战略支点作用 ……（153）

第二节 特大城市功能定位下的人口优化战略 ……………（154）

一 控制城市规模：优化人口空间布局 …………………（155）

二 产业转型发展：集聚高端人才 ·················· (156)

三 市场配置人才：完善人才配置市场化机制 ········· (157)

四 提高人口资质水平：健全人力资本投资体系 ······ (158)

第三节 后青奥时代下的奥城国际化推进战略 ············· (159)

一 放大奥林匹克城市效应：加速建设世界体育名城 ····· (159)

二 延伸青奥国际化服务功能：完善城市国际化服务
功能体系 ··································· (161)

三 挖掘青奥精神遗产：打造世界健康名城 ········· (163)

四 深化青奥文化品牌：谋划世界青年文化（创意）
之都 ······································ (166)

第四节 人文绿都视角下的现代化战略 ··················· (168)

一 补齐短板"倒计时/抬底部"：更高质量的全面
小康建设 ································· (169)

二 创新驱动"求突破"：更高水平的人才都市建设 ···· (171)

三 文化治理"增自信/育增量"：更具活力的文化
都市营造 ································· (172)

四 健康中国"树标杆"：面向全国的医疗服务先行区 ···· (176)

五 深化社会事业改革创新，提高社会事业发展质量
和水平 ··································· (178)

参考文献 ··· (181)

后 记 ·· (188)

第一章

新阶段　新环境

　　随着经济全球化的发展，大都市已经成为世界经济竞争的重要组织节点和基本空间单元，并直接影响到一个国家的经济活力。伴随着全球化的深层次展开，大都市不断涌现出新的城市建设理念，为满足内外部各种需求与其他城市展开激烈的竞争，从而在众多城市中脱颖而出，并成为全球或区域经济的中心、管理和控制的核心节点。

　　当前，全球的发展、中国的发展与南京的发展进入了一个新的阶段。面向未来，南京正在谋划更长期的发展。正确判断国际国内经济社会发展大势，积极把握城市发展中的机遇，对于南京未来创新转型发展、促进城市发展跨上新台阶，具有重大的战略意义。

第一节　南京——中国特大型城市发展的新阶段

　　党的十八大以来，南京全面贯彻习近平总书记系列重要讲话精神，全面推进各方面建设。随着《长三角城市群发展规划》和《长江经济带发展规划纲要》等的出台，南京在国家发展战略中的地位日益凸显，成为"一带一路"节点城市、国家东部地区重要中心城市、长三角城市群唯一的特大城市，使南京的城市发展步入了新的阶段。江苏省第十三次党代会开启了"聚力创新，聚焦富民，高水平全面建成小康社会"新征程，"两聚一高"成为江苏未来几年的战略选择和发展走向。南京在"十三五"发展的总体思路上，进一步提出实施创新驱动战略、人才强市战略、协调发展战略、绿色引领战略、全面开放战略、民生共享战略"六大发展战略",大力发展创新型经济、服务型经济、枢纽型经济、开放型经济、生态型经济的"五型经济"发展导向,全力建设"一带一路"节点城市、长江经济带门户城市、长三角区域中心城市和国家创新型城市"四个城市"。按照"两聚一高"要求,围绕"一个高水平建成、六个显著"目标,加快建设"强富美高"新南京。

一　南京城市发展的现状

改革开放近40年来,南京发展披荆斩棘,一路走来,在许多方面做出了探索,走在全国前列。刚刚过去的"十二五"时期,是南京经济社会发展质量最高、国际影响力提升最快、城乡区域面貌改善最大、人民群众得到实惠最多的时期之一。

综合实力不断提升。2016年,南京GDP总量首次突破1万亿元大关,实现10450亿元,成为江苏省第二个、全国第11个GDP超万亿元的城市。经济结构调整取得新突破,战略性新兴产业产值年均增长20%以上,软件与信息服务、新型显示、下一代信息网络、智能电网产业规模均达到千亿级。"十二五"期间,服务业比重由50.7%提高到57.3%,社会消费品零售总额年均增长14.1%,金融业、文化产业、旅游业成为国民经济支柱产业,民营经济占地区生产总值比重由39.6%提高到44%。

人才工作成效显著。"321计划"实施以来,累计吸引海内外人才申报3.69万人次,累计引进领军型科技创业人才3752名,培养科技创业家254名,303人入选国家"千人计划",112人入选国家"万人计划",高端人才集聚度名列全国城市前茅。截至"十二五"期末,南京市人才资源总量达220.73万人,较"十一五"期末增加95万人,高层次人才占人才资源比重达10.4%。人才引进有效地改善了南京市的人口结构,较大程度提升了人口素质。

创新发展能力显著提高。2016年,南京万人发明专利拥有量达40.6件,比上年增加7.5件,继续稳居全省第一。专利申请呈现量增质优态势,申请总量为65198件。全社会研发经费支出占GDP比重达到61%,高新技术产业产值占规模以上工业总产值比重由38.2%提高到 45.3%。农业现代化水平居全省前列。出台"创业南京"人才计划,大力推进"大众创业、万众创新",建成国家级科技孵化器 25 家,各类众创空间 162 家。

城市功能日益提升。城市发展格局进一步优化,完成新一轮行政区划调整,城市建成区面积由 619 平方公里拓展到 755 平方公里。江北新区获批国家级新区,河西新城建设加快推进,仙林大学城向科技城转型,南部新城核心区开发全面启动,麒麟科创园建设扎实推进。南京南站、禄口机场二期等重要枢纽工程建成使用;完成城西干道快速化改造、机场高速扩建,建成扬子江隧道、溧马高速、淳芜高速等一批重大项目和 752 千米干线公路,综合交通运输体系进一步完善;城市轨道交通运营里程由 85 千米增加到 225 千米,位列全国第四;长江 12.5 米深水航道初通南京。长江、滁河等防汛能力得到增强。国家新型城镇化综合试点全面推开,常住人口城镇化率由 78.5% 提高到 81.4%;建成美丽乡村示范片区 1400 平方公里,市级以上示范村 103 个,农村面貌明显改观。成功举办青奥会,实现了习近平总书记提出的"办得精彩、办出中国特色"的要求,城市的国际影响力和美誉度显著增强。

改革开放不断深化。重要领域和关键环节改革取得积极进展,经济体制、社会管理体制、行政管理体制等改革力度持续加大,供给侧结构性改革取得初步成效。21 项国家和省级改革试点取得重要进展,在全国率先取消全部非行政许可审批,率先实现农村产权交易市场覆盖,率先组建综合性文化金融服务中心。开放型经济发展取得新成效,实际利用外资和进出口总额分别是前五年的 1.6 倍、1.5 倍;企业境外投资额年均增长 36%,增幅居江苏省第一。南京综合保税区获批运行。成功举办两岸企业家紫金山峰会,两岸产业协同发展和创新试验区建设扎实推进,宁台经济合作交流交往不断加强。

生态环境持续改善。大气和水环境治理取得新的成效。2015 年 PM2.5 降幅达 26.9%,主要集中式饮用水水源地的水质达标率保持 100%。节能减排取得积极成效,完成 609 家"三高两低"污染企业的关停整治,绕城公路以内的化工生产企业全部退出,单位 GDP 能耗累计降低 29.3%,主要污染物减排超额完成"十二五"的目标任务。资源节约利用水平不断提高。生态文明制度建设迈出新步伐,全面保护生态红线区域，实施排污费提标改革，开展排污权交易，生态建设和环境保护工作成效显著，被环境保护部授予"国家生态市"。

社会建设全面推进。城乡居民收入持续较快增长，年均分别增长10.6%和12.6%。民生投入大幅提升，社会就业更加充分，城镇登记失业率控制在3%以内。被征地人员社会保障制度、城乡居民养老保险制度全面建立，实现基本养老城乡居民全覆盖，社会保障体系不断完善。教育现代化建设走在全省前列，全市域创成"全国义务教育均衡发展区"。国家综合医改试点工作全面推进，医疗卫生事业发展取得明显成效。基本公共服务水平进一步提升，15分钟健康服务圈和10分钟体育健身圈基本建成。保障房建设累计竣工2177万平方米，受益居民28万户。社会治理创新力度加大，街道和社区体制改革取得成效，被国家民政部表彰为"全国和谐社区建设示范城市"。深化社会治安综合治理创新，公众安全感达到93%，"平安南京"建设取得新的成绩。

文化建设成效显著。积极推进社会主义核心价值观的建设，扎实开展爱国主义教育实践活动，大力弘扬雨花英烈精神。做好意识形态领域工作，主流思想舆论不断壮大。哲学社会科学事业稳步发展。文化遗产保护利用工作扎实推进，颐和路、梅园新村入选全国首批历史文化街区，六朝博物馆和南京大报恩寺遗址公园、牛首山文化旅游区建成开放。文艺创作生产保持繁荣，31部作品分获全国、全省"五个一工程"大奖。文化惠民取得新成效，被评为全省公共文化服务体系示范市。文化产业增加值占GDP比重由4%提高到5.9%，位居全省前列。文化体制改革有序推进，文化发展活力有效释放，在全省文化绩效考核中连续五年名列第一。举办"名称会"等国际文化交流活动，文化影响力进一步提升。群众性精神文明创建富有成效，再次获得"全国文明城市"称号。做好南京大屠杀死难者国家公祭活动保障工作。

民主法治扎实推进。加强和改进党对人大和政协工作的领导，不断完善社会主义协商民主制度和工作机制。推动人大及其常委会依法履职，地方立法质量和水平不断提高，监督"一府两院"及重大事项决策等职能进一步加强，专委会建设和代表工作等取得新的成绩。支持政协发挥协商民主重要渠道和专门协商机构的作用，政治协商、民主监督、参政议政的职能进一步增强。巩固壮大爱国统一战线，积极发挥群团组织的作用。构建依法治市推进体系，推进法治政府、法治社会建设，法治建设水平不断提升。加强党管武装和"双拥共建"工作，军民融合有序展开，荣获全国双拥模范城"八连冠"。①

二　南京城市发展所处的新阶段

进入"十三五"时期，南京的发展站到了一个新的平台，进入了一个新的阶段。相对于其他时期，在"十三五"时期，南京将承担"引领江苏全面上新台阶目标""推进全面转型""引领前瞻布局"的三重历史重任。与"十二五"相比，南京在"十三五"期间将面临更加不确定的国际环境，更加繁重而艰巨的改革任务，更加深刻的经济发展方式转变，更加错综复杂的社会矛盾。"大变局、大调整、大转型"是这一时期的基本特征。因此，"十三五"期间要求南京更加突出开放倒逼改革的作用，更加突出全面建成高水平小康社会的紧迫性，更加突出探索开启基本实现现代化建设新征程的关键性，更加突出引领法治江苏建设的重要性，更加突出发挥南京在全国战略先行者和创新者的地位与作用。

（一）全面深化改革，高水平全面建成小康社会的决胜阶段

到 2020 年，南京必须打赢一场决胜战——高水平全面建成小康社会。这是我们党确定的"两个一百年"奋斗目标的第一个百年奋斗目标，是党向人民、向历史做出的庄严承诺。南京作为东部沿海城市，一直走在前列，创造决胜全面小康的过硬成果，体现的是南京自我加压的责任担当。高水平全面建成小康社会，核心要义是发展水平更高，群众获得感更强。这既是南京发展的现实需要，也是人民群众的热切呼声。2014 年 12 月，习近平总书记视察江苏并发表重要讲话，殷切希望江苏把"两个率先"作为光荣使命，在扎实做好全面建成小康社会各项工作的基础上，积极探索开启率先基本实现现代化新征程这篇大文章，提出了建设"经济强、百姓富、环境美、社会文明程度高的新江苏"的要求，为文明勾画了未来发展的美好蓝图。深入学习贯彻习近平总书记的重要讲话精神，江苏省委在 2016 年 11 月召开的省第十三次党代会

---

① 缪瑞林：《南京市政府工作报告》，2016 年 1 月 17 日。

上，确立了"聚力创新，聚焦富民，高水平全面建成小康社会"的奋斗目标。聚力创新，就是坚持把创新作为引领发展的第一动力，摆在发展全局的核心位置，着力形成以创新为引领的经济体系和发展方式，让改革创新成为江苏最鲜明的时代特征。聚焦富民，就是更加自觉地践行以人民为中心的发展思想，坚持把人民对美好生活的向往作为我们的工作追求，千方百计地加快富民步伐，让百姓得到更多实惠，过上更好生活。高水平全面建成小康社会，就是围绕"建设新江苏"的定位，践行创新、协调、绿色、开放、共享的发展理念，实现经济发展更高质量、人民生活更加幸福、生态环境更加优美、文化发展更加繁荣、城乡区域更加协调、社会治理更加完善，建成一个贯彻发展理念、体现"强富美高"要求、惠及全省人民的小康社会。

东部沿海先发省份高水平地全面建成小康社会，对于实现"两个一百年"奋斗目标具有重要的示范和带动作用。当前，南京作为全国发展水平相对比较高、发展速度比较快、基础比较好的地区，其发展转型正处于爬坡过坎的关键时期，经受着结构调整的阵痛。因此，对照习总书记勾画的新蓝图，我们必须切实增强使命意识，把握好转型提升的重大窗口期，自觉践行五大发展理念，破解发展难题，厚植发展优势，开辟南京发展的新境界。在全面建成小康社会的基础上树立更高标准，在积极实践中赋予全面小康建设的新内涵，不仅要确保如期全面建成，而且要高水平全面建成，为全国发展提供示范和样本。

（二）多重国家战略与规划叠加，打开开放发展新局面的重要阶段

国家级的区域发展战略，决定着城市的区域定位和发展方向。近年来，国家提出并实施丝绸之路经济带、21世纪海上丝绸之路、长江经济带和苏南自主创新示范区战略。2015年，江北新区被批复为国家级新区，《长三角城市群规划》出台。这些重大国家战略在南京密集叠加实施，对南京城市发展产生重大而又深刻久远的影响，为南京发展提供了全新的时代机遇和广阔的发展空间。作为全国重要的综合交通枢纽和通信、金融、商贸中心，以及我国对外开放起步较早的中心城市，开放发展始终是推动南京发展的重要动力。特别是长江经济带等国家战略的实施，使南京的区位优势不断增强，战略地位变得越加重要。"十三五"时期，南京要积极有效回应国家战略密集叠加的战

略机遇，发挥开放先行优势、综合枢纽优势，主动对接、积极融入多重国家战略布局。针对外部发展环境的整体变化，在坚持"现代化国际性人文绿都"总定位的基础上，对城市定位做了进一步拓展，提出全力建设"一带一路"节点城市、长江经济带门户城市、长三角区域中心城市和国家创新型城市"四个城市"。抢抓国家"一带一路"、长江经济带建设的机遇，积极加强与"一带一路"沿线国家和地区的开放合作，统筹推进南京港、南京综保区、禄口国际机场、南京铁路功能一体化，协调推进长江经济带沿线区域通关一体化，为枢纽型经济发展创造更加优良的条件。

（三）践行"五大发展理念"，加快"推进现代化国际性人文绿都"建设的关键阶段

十八届五中全会提出了"创新、协调、绿色、开放、共享"的发展理念，成为"十三五"发展的新理念。南京是历史文化名城、产业发展重镇、山水城林之都，同时也是一座正在迈向现代化、国际化的特大城市。面向"十三五"，南京要牢固树立"创新、协调、绿色、开放、共享"的理念，积极探索"五大发展理念"实践路径，努力创造"五大发展理念"实践样本。在概念内涵和城市品质层面，"现代化国际性人文绿都"的总定位，不仅与"五大发展理念"的内涵指向相一致，又是在践行"五大发展理念"中对城市发展的品质和愿景的进一步升华。"现代化国际性人文绿都"作为南京"十一五"以来面向2020年的发展总目标，内涵与定位在不断丰富和拓展。"十三五"作为南京全面建设小康社会与中国共产党第一个一百年目标的关键阶段，"现代化国际性人文绿都"这个总目标，需要放在新的历史时空背景下进行全新的解读和理解。特别是在"四个全面""五个新台阶""强富美高"和"十三五"规划"五大理念"的语境中，"现代化国际性人文绿都"的内涵、定位都要赋予新的历史内容和价值追求。① 可以说，"现代化国际性人文绿都"是统领南京经济社会发展的一条主线，与习近平总书记在视察江苏时提出的五个"迈向新台阶"，建设"强富美高"新江苏

---

① 叶南客：《特大城市"十三五"发展的新思维与目标愿景——以南京建设现代化国际性人文绿都为例》，《中国名城》2017 年第 2 期。

的总要求一脉相承。南京市委十三届十三次全会更是明确提出，要加快转变城市发展方式，努力推进具有南京特色的现代化特大城市建设，建设生态宜居、富有活力、智慧人文的现代化城市。作为对国家战略和规划的回应，"现代化国际性人文绿都"总定位的内涵进一步得到丰富和深化。

（四）强化创新驱动，推动全面转型发展的攻坚阶段

创新是城市发展的动力，也是中心城市保持其在都市圈中的核心地位、稳定都市圈城市体系的重要基础。"十三五"时期，是南京创新转型发展的攻坚阶段。当今世界，新一轮科技革命和产业变革方兴未艾，科技创新成为提高综合竞争力的关键支撑，成为社会生产方式和生活方式变革进步的强大引领。多年来，南京高度重视创新发展，把创新摆在发展全局的核心位置。20世纪80年代提出"科技兴市"，90年代进一步丰富拓展为"科教兴市"战略。进入21世纪特别是国际金融危机爆发后，把创新摆到全局发展更加突出的位置，明确创新驱动作为核心战略，并以建设创新型城市为目标，加快推动从"南京制造"向"南京创造"转变。2016年召开的江苏省第十三次党代会提出了"聚力创新"，强调要依靠创新引领发展转型升级，着力推进发展理念、体制机制等全方位、多层次、宽领域的大创新，让创新成为江苏最鲜明的时代特征。

加快转型出关就必须向创新聚力，以创新开路。进入新时期，南京已进入建设创新型城市的决定性阶段。在大洗牌、大调整、大竞争的格局下，要牢固树立和践行创新发展理念，充分依托南京科教人才资源优势，大力推进理念创新、制度创新、科技创新、文化创新等各方面，使创新成为推动发展的主引擎，让创新在全社会蔚然成风。深入实施创新驱动战略，深化科技体制综合改革，提高企业自主创新能力，大力发展创新型经济，加快建设国家创新型城市，努力在江苏建设"全球有影响力的产业科技创新中心和有国际竞争力的先进制造业重要基地"进程中走在前列。着力培育发展新动能，积极推进供给侧结构性改革，释放新需求，创造新供给，引领推动经济转型升级，加快实现发展动力转换。加快构建产业新体系，全力发展现代服务业和战略性新兴产业，积极推进传统产业改造升级，大力实施智能制造和"互联网＋"行动计划，

推进相关行业"去产能"，加快建设江苏省现代服务业中心、长三角先进制造业中心和全国战略性新兴产业的重要基地。深化人才发展体制机制改革和政策创新，打造具有国际影响和独特优势的产业科技人才高地，为建设新南京提供强有力的人才支撑和智力支持。构建竞争力强的创新生态系统，提升创新浓度，不断提高创新的便利性、宽松性和包容性，形成创新的最强"场效应"。更大力度推动大众创业、万众创新，充分调动和激发全社会创业创新活力，让南京成为创业创新的热土。

（五）提升首位度，发挥龙头引领和辐射带动作用的重要阶段

2016 年 9 月，江苏省委书记李强在南京调研时曾提出，要优先抓好南京的发展，提升南京城市首位度和影响力。同年 12 月，江苏省委常委召开会议专题研究南京市工作时再次提出，南京要努力建成首位度高的省会城市。《南京市城市总体规划（2011—2020 年）》将南京定位为国家东部重要的中心城市，《长三角城市群规划》赋予南京长三角地区唯一特大城市，明确了南京在都市圈、江苏省、长三角地区、东部地区乃至全国的定位。从区位和等级来看，南京被归类为东部重要的中心城市和长三角唯一的特大城市，是世界级城市群的重要节点城市。在长三角打造世界级城市群的历史性进程中，作为长三角的唯一特大城市，如何由"点"（特大城市）带动"群"（城市群）/"圈"（都市圈）的建设，要求南京提升首位度，构筑区域发展的强大动力引擎。

在扬子江城市群中，南京需要强化其对于沿江城市的辐射能力，成为扬子江城市群的龙头城市。南京作为我国东部地区重要中心城市、长三角唯一特大城市，经济总量和人口总量约占扬子江城市群总量的1/5，具有区位、创新中心、产业发展、交通枢纽、开放平台以及绿色生态等多重优势。南京要发挥自身优势，切实提升城市首位度，努力打造扬子江城市群"引擎"，在扬子江城市群建设中发挥好龙头作用。在宁宣黄成长带中，南京作为宁宣黄的中心城市，需要在发展健康、休闲等新经济形态和打造"美丽中国"样板区等方面做出贡献。在宁杭生态经济带中，南京需要在生态保护、生态功能创新发展等方面做出表率，提升宁杭两市区域中心城市功能和区域合作的层次水平。加快次级都市圈发展，完善跨行政单元的区域规划和管理等城际协调机制，提升区域可持续发展的内在动力。在宁镇扬同城化中，要落实《宁镇扬同城化发展规划》，推进江宁—句容、六合—仪征等相邻地区率先同城化发展，做强城市群"极核"。提升南京都市圈辐射带动功能，加快实施都市圈城际轨道、高速公路等交通工程。因此，南京要充分利用自身特有的历史文化、城市规模、科教资源、产业体系等优势，做江苏省乃至全国的排头兵、领头雁，不断提升城市美誉度，做名副其实的"特大城市"。

第二节　南京城市发展的新环境

当前，和平与发展的时代主题没有变，世界经济在深度调整中曲折复苏，新一轮科技革命和产业变革正孕育突破，面向"十三五"，南京科教与人才资源丰富，综合交通体系发达，历史文化底蕴深厚，生态环境优美，提供了重要的资源依托。"一带一路"、长江经济带、长三角区域发展一体化等国家重大发展规划的实施，提供了全新的时代机遇。国家级江北新区、苏南现代化建设示范区、苏南国家自主创新示范区的建设，开辟了更大发展空间。2017 年是党的十九大召开之年，是供给侧结构性改革的深化之年，也是全面落实江苏省第十三次党代会部署的开局之年。促进经济平稳健康发展和社会和谐稳定，意义重大。分析国内外形势，对精心谋划好南京的未来发展，显得尤为重要。

一　国际环境

从国际上看，世界经济将延续温和低速增长态势。全球经济复苏乏力的总体特征尚未出现转折性变化，影响经济短期平稳运行的扰动性因素仍未消除。美国、德国、法国等大选后，政治、经济政策面临调整，外部风险和不确定性会通过贸易、投资、金融等多渠道影响我国经济平稳发展。新兴经济体对我国的替代竞争增强，产业和贸易转移的冲击将持续。

（一）全球经济低速复苏，亚太经济发展稳定

当前，国际经济复苏依然乏力，但总体形势好于"十二五"，各国经济在低速复苏。国际货币基金组织（IMF）预计，2017 年全球经济增长 3.4%，比 2016 年略有提高。其中，发达国家增长 1.8%，新兴经济

体增长 4.6%，比 2016 年略有提高。经济合作与发展组织（OECD）发布的半年度报告中也上调了 2017 年的全球经济增长预期，并预测 2018 年全球经济增速将达到五年来的最高水平。美国加息预期时有反复，企业投资和消费者信心不足，对全球金融市场和大宗商品价格及我国汇率造成冲击。发达国家和中国的人口将快速老龄化，全球人口总抚养比自 2015 年后开始上升，对储蓄率与投资率产生不利影响。因此，美国国家情报委员会认为，到 2020 年之前，全球经济不大可能恢复到 2008 年之前的高增长率。全球经济中心将缓慢东移，中国将加速崛起为全球第一大经济体。最新发布的《2017 年亚洲及太平洋经济社会概览》预计，亚太区域发展中经济体 2017 年和 2018 年将分别增长 5.0% 和 5.1%，虽然增速有所放缓，但增长保持稳定，依然引领世界经济发展。中国的经济形势基本稳定，经济增长预计 2017 年为 6.5%。

（二）新一轮技术革命蓄势待发，科技创新更趋活跃

"十三五"期间，全球正处于信息技术深度应用和新一轮技术革命孕育阶段，网络信息、生物、纳米和新材料技术可能率先取得突破，并推动生产方式发生深刻变革。以美国为首的发达国家仍保持其科技与经济的领先地位，新兴国家后来居上，纷纷把技术创新作为国家发展战略的核心。各国在人才、技术标准、平台以及产业链主导权的争夺，将成为竞争的焦点。随着信息等技术在生产制造领域的深度应用，数控机床、工业机器人、3D 打印迅速发展，数字化制造带来了生产流程变短、特殊劳动技能要求降低、个性化生产成本降低和个性化设计日趋普及，工业互联网将进一步提高生产效率。同时，新经济增长点不断涌现，科技与经济加速对接，两者交叉催生的产业融合将孕育一批新产业、新业态、新模式。

（三）发达国家实施再工业化战略，发展中国家加快产业转型升级步伐，全球价值链进入重构期

发达国家将继续推进"再工业化"战略，智能制造、智能工厂、新能源、生物和纳米技术、新一代微电子、高端机器人等成为发达国家的重点发展领域，数字化、网络化、智能化、服务化、绿色化、个性化的新制造模式将全面涌现。新兴经济体正尝试产业的全面转型。一是力图在制造业领域获得新的比较优势。中国出台了《中国制造 2025》计

划，力图通过"两化融合"推动制造业由要素驱动向创新驱动转变，智能化制造将成为未来发展的主线。二是新兴经济体将继续推动产业结构的高端化，服务业将获得较大的发展空间。服务外包将继续成为服务全球化的主要方式和增长引擎，亚太地区国家在全球接包国市场中占绝对优势，包括印度、菲律宾等在内的诸多新兴经济体都将服务外包产业上升为国家战略产业。随着主要经济体结构调整的进行，全球价值链进入重构期，世界制造业格局将发生新一轮调整。"消费国—生产国—资源国"为核心链条的全球贸易大循环发生重大调整，经济全球路径深刻变化。

（四）全球资本跨国流动规模稳步回升，逆流至发达国家的可能性增加

资本跨国流动规模未来几年将稳步回升。麦肯锡全球研究院预测，到2020年全球投资需求可能达到二战重建时期以及成熟经济体高增长时代从未有过的水平。在整个亚非拉地区，对新的住宅、运输系统、水系统、工厂、办公室、学校、医院和购物中心的需求，已经引发投资上的"大跃进"。但是受发达经济体复苏、新兴经济体经济增速放缓、美国推出量化宽松政策、一些新兴市场的脆弱性、政策不确定性及区域冲突导致风险等因素影响，全球外资流向可能会发生逆转。发展中经济体在全球投资中的地位将继续提高，中国表现尤为突出，对外投资规模将在2020年跨入万亿美元行列。世界银行预测，到2030年中国将占到全球投资的30%。随着中国企业"走出去"步伐的加快，人民币国际化的步伐也在提速。2014年4月，中国先后与德国、英国和法国签署人民币交易清算与结算业务的合作备忘录，推动人民币全球离岸市场的形成，为海外人民币业务开展和产品创新提供更多便利。未来3—5年是人民币国际化的关键时期。渣打银行预测，中国资本账户将在2020年基本开放，人民币将成为基本上自由浮动的货币，人民币可能在2020年晋身成为全球第四大国际支付货币，中国约有30%的国际贸易、6%的大宗商品由人民币结算。世界银行预测，2025年人民币将与美元、欧元一道成为世界主导货币。

（五）"逆全球化"现象增多，国际贸易投资仍低位徘徊

从2016年年初的全球金融市场异动，到年中的英国退欧公投，再

到年末的美国总统大选，加上欧洲难民危机、土耳其政变等地缘政治冲突等重大风险事件，频频扰动全球经济金融体系。不少国家的政客把经济问题政治化，为了迎合民粹思潮，争取选民选票，将攻击矛头对准国际贸易与投资自由化的相关政策，对于国际贸易和投资的长期健康发展造成了威胁。WTO 报告显示，2015 年 10 月至 2016 年 5 月，G20 国家实施了 145 项新的贸易限制措施，平均每月有近 21 项新措施出台，月均新措施的数量为 2009 年以来最高水平，贸易保护呈现升温趋势，2017 年的贸易投资环境总体并不乐观。

（六）生态理念越来越深化发展，全球范围内正在形成绿色转型浪潮

全球气候变化是 21 世纪以来对世界政治、经济、社会、安全影响最大最广也最受关注的问题，甚至被认为是正在重新定义国际政治内涵和重新绘制国际政治版图的问题。目前，各国纷纷开始探索自身的经济发展模式和转型道路，希望在全球的绿色变革中找到自身的立足点，取得全球绿色变革的先机。尤其在 2008 年金融危机后，很多国家在绿色转型探索路上纷纷迈出了脚步。2015 年，世界 195 个国家为了在年底巴黎气候大会上更好地实现自身诉求，各显神通，纵横捭阖，最终达成《巴黎气候协议》。该协议再度确认了《联合国气候变化框架公约》所贯彻的"共同但有区别的责任"等原则，新确立"各自能力"等原则，搭建了今后较长一个时期通过国际合作应对气候变化的基本框架，巩固了联合国作为国际气候谈判的唯一合法平台地位，并在此框架下开始建设气候变化资金管理、履约核查等一系列机制，为 2020 年后全球气候治理提供了最重要的准备。因此，绿色浪潮已经成为当今世界经济发展的主旋律。绿色发展被认为是人类的"第四次产业革命"，已经引起全世界各国关于自身发展道路的反思与探索。

二　国内环境

从国内来看，战略机遇期没有变，但是内涵与条件发生了变化，要"认识新常态，适应新常态，引领新常态"。党的十八大以来，特别是以习近平总书记为核心的新一届中央领导集体，先后提出了一系列重大战略谋划，提出"两个百年"的奋斗目标，做出"三期并存"的战略

判断、"四化同步"的路径设计和"五位一体"的总体布局。总体而言,"十三五"时期是我国确保实现全面建成小康社会宏伟目标最后冲刺的五年,也是我国全面深化改革在重要领域和关键环节取得决定性成果以及转变经济发展方式取得实质性进展关键的五年。

（一）经济长期向好的基本面没有改变,经济整体仍面临较大增长阻力

国家继续实施积极的财政政策和稳健的货币政策,深化供给侧结构性改革,加快推进关键领域改革,我国经济将出现更多积极的变化。经济长期向好的基本面没有改变,经济韧性好、潜力足、回旋余地大的基本特征没有变,持续增长的良好支撑基础和条件没有变,经济结构调整优化的前进态势没有变。但国内经济新常态特征表现更为明显,长期积累的深层次矛盾并未实质性缓解,经济下行压力依然较大,投资特别是民间投资增长仍显乏力,车市和楼市存在不确定性。[1]受结构调整的持续推进和供给侧改革背景下"三去、一降、一补"政策主线的影响,国有企业还将继续经历一段改革深化的阵痛期,当前的利润增长随着价格回稳难以长期保持。在经济整体尚未走出探底阶段的背景下,需求侧难以出现明显向好。在国内外经济风险充分释放前,经济整体仍将面临较大增长阻力。

（二）产业结构进入深度调整期,经济增长动力从"要素驱动"向"创新驱动"转变

"十三五"期间,土地耗费型、环境污染型、产能过剩型产业比重将下降,服务业将驶入发展快车道,与发展质量、科技创新密切相关的生态环境、节能减排等目标将会放在更突出位置上。预计"十三五"期间服务业比重会突破50%,到2022年达到55%左右,完成从工业大国向服务业大国的蜕变。与此同时,中国在传统制造业领域的国际竞争优势将逐步衰退,智能制造将成为中国工业的主攻方向,工业机器人、高端装备制造、航天航空、海洋工程、生物医药、绿色环保、新能源汽车等将成为重点发展领域,并在某些领域取得实质性突破。科技创新将成为发展的核心,成为培育新增长点的关键抓手。国家在科技创新方面

① 臧建东、曹为忠:《江苏经济形势分析与展望》,《群众》2017年第1期。

的投入将持续加大，带动经济增长动力从要素驱动、投资驱动转向创新驱动，同时全方位推进产品创新、品牌创新、产业组织创新、商业模式创新，把创新驱动发展战略落实到现代化建设的整个进程和各个方面。

（三）区域发展战略深度调整，以人为核心的新型城镇化加快推进

"十三五"期间，"一带一路"倡议将得到切实推进，传统的块状区域为主导的发展战略将让位于带状区域为主导的发展战略。依托"一带一路"倡议，国家将构建新的区域协调发展机制——在全国统一大市场的框架内，通过经济产业社会的深度合作交流与高速铁路、高速公路、城际铁路等基础设施的有效连接，真正让区域和城市群间的"要素流动起来、机制完善起来、市场统一起来"，更好地通过促进要素自由流动，让市场在资源配置的过程中发挥决定性作用。东部沿海地区和西部若干区域将成为这一战略的主要受益者，长三角区域一体化将驶入快车道。2017年新批复的《长江三角洲城市群发展规划》，旨在以改革创新推动长三角城市群协调发展，有利于促进产业升级，推进以人为核心的新型城镇化，加快农业现代化，辐射带动周边区域和中西部地区发展，增强国家竞争力。

（四）全面深化改革在重要领域和关键环节上将取得决定性突破

"十三五"时期，全面深化改革将被置于前所未有的突出位置。围绕"全面深化改革、完善和发展中国特色社会主义制度、推进国家治理体系和治理能力现代化"的总目标，预计到2020年，我国全面深化改革在形成公平竞争的发展环境、实现社会公平正义、促进社会和谐稳定、提高党的领导水平和执政能力等重要领域将取得实质性进展，形成系统完备、科学规范、运行有效的制度体系，使各方面制度更加成熟、更加定型。以经济体制改革为重点，重塑政府与市场之间的关系，着力用结构性改革破解结构性难题，用简政放权激发市场活力和释放发展潜力，使市场在资源配置中起决定性作用和更好地发挥政府作用，在推动经济社会转型等关键环节上取得突破性进展。

"十三五"同时也将是我国实现文化改革发展奋斗目标的关键时期，一些促进文化大发展大繁荣的改革任务将在未来几年内完成。特别是社会主义核心价值体系建设将深入推进，文化产业成为国民经济支柱产业，文化体制改革、基本公共文化服务均等化等都将成为重大的改革

任务，改革的重点将由传统体制改革走向制度创新，改革的方向将向文化与科技、金融等融合发展，着力激发文化创造活力。

（五）新一轮高水平的对外开放深入推进，外贸发展新动能加快积聚

新一轮高水平的对外开放深入推进，中国进一步扩大开放领域，推动辽宁等七个新自由贸易试验区建设，在全国范围内实行以准入前国民待遇负面清单管理为核心的外商投资管理模式，不断提高贸易投资的便利化、自由化水平。中国提出的"一带一路"倡议、国际产能和装备制造合作已取得初步成效，一批重大合作项目建设取得积极进展。对外贸易与跨境双向投资相互促进的局面正在形成。成功主办20国集团杭州峰会，推动《区域全面经济伙伴关系协定》（RCEP）、中日韩自贸区、中国—海合会、中国—以色列、中国—斯里兰卡等自贸区谈判取得新进展，为中国外贸发展营造了良好的制度环境。因此，"十三五"时期，"打造对外开放升级版，创造开放新红利"，通过实施更加积极主动的开放战略，全面提升开放型经济水平，用提升开放水平拓展发展空间，创建新的竞争优势将成为重要的战略选择。国家将统筹国际国内开放，沿海、内陆和沿江开放，双边、多边、区域、次区域开放，综合运用各种经济工具和外交、能源、人文交流、互联互通等手段，有步骤、有节奏地推进双向开放。

（六）社会矛盾和风险日益突出，加强和创新社会治理任务艰巨

"十三五"是实现国家治理体系和治理能力现代化的重要时期，也是"社会转型期"和"矛盾凸显期"。强政府、弱社会问题短期内不可能发生根本性变化，社会管理向社会治理转变缓慢、收入差距扩大、低收入人群社会保障不完善等问题依然突出。随着人民群众权利意识的觉醒，社会矛盾可能会更加突出，社会不公现象仍将较为严重，社会安全形势可能依然严峻。与此同时，一些社会问题会逐渐暴露出来并产生深刻影响，包括劳动力人口逐渐减少、人口结构不合理、"空巢老人"现象、人口老龄化等。2016年1月1日"全面二孩"政策平稳落地，终结了已实施30多年的独生子女政策。出生人口明显增加，二孩及以上占比大幅提升，政策效应初步显现。与此同时，原本就紧张的教育、医疗资源在迎来"全面二孩"后面临更为严峻的挑战。新增人口还将对

学前教育、中小学教育资源产生新一轮的压力。

三　省内环境

从江苏省内看，综合实力不断提升，创新实力不断增强，新型城镇化步伐加快，改革创新向纵深推进，多重国家战略交汇叠加，为江苏省在更高层次统筹区域发展提供了新的大机遇。但同时也出现了许多新情况、新问题。如供给侧结构性矛盾突出，有效需求乏力，财政收支平衡压力大等问题，成为困扰经济长期稳定运行的阻力。

（一）综合实力不断提升，抗风险能力进一步增强

综合实力不断提升。2016 年实现地区生产总值 76086.2 亿元，比上年增长 7.8%，抗风险能力进一步增强。其中，第一产业增加值为4078.5 亿元，增长 0.7%；第二产业增加值为 33855.7 亿元，增长7.1%；第三产业增加值为 38152 亿元，增长 9.2%。江苏省人均生产总值 95259 元，比上年增长 7.5%。全社会劳动生产率持续提高，全年平均每位从业人员创造的增加值达 159934 元，比上年增加 12620 元。产业结构加快调整。三次产业增加值比例调整为 5.4∶44.5∶50.1，全年服务业增加值占 GDP 的比重提高 1.5 个百分点。全年实现高新技术产业产值 6.7 万亿元，比上年增长 8.0%；占规模以上工业总产值比重达41.5%，比上年提高 1.4 个百分点。战略性新兴产业销售收入 4.9 万亿元，比上年增长 10.5%；占规模以上工业总产值比重达 30.2%。经济活力继续增强。全年非公有制经济实现增加值 51510.3 亿元，比上年增长 8.0%，占 GDP 比重达 67.7%，其中私营个体经济占 GDP 的比重为43.6%。民营经济增加值占 GDP 的比重达 55.2%。年末全省工商部门登记的私营企业达 222.9 万户，当年新增 50.1 万户，注册资本 98090.7亿元，比上年增长 34.4%；个体户 438.8 万户，当年新增 77.6 万户。

（二）全面改革向纵深推进，一些领域取得重大突破

全面深化改革有力有序向纵深推进，一批具有全局影响力的国家、省级试点启动实施，进一步激发了发展动力和活力。以"5 张清单、1个平台、7 项相关改革"为基本架构推动简政放权、转变政府职能，省级层面取消、下放行政审批事项 587 项，非行政许可审批事项全部取消。财税、价格、投融资、地方金融、医药卫生、教育等领域的改革扎

实推进。全方位开放布局全面展开，企业、城市、人才国际化水平显著提升，开发园区载体功能不断增强，一般贸易出口占出口总额比重达到43.8%，服务贸易进出口总额增长一倍，2015年的对外投资突破100亿美元。

（三）多重国家战略叠加，顺势而为拓展开放空间

"一带一路"、长江经济带、长三角一体化等国家发展规划在江苏交汇叠加，为江苏省在更高层次统筹区域发展提供了新的重大机遇。江苏践行开放发展理念，更加主动融入国家全方位对外开放大局，主动接受上海自贸区"溢出效应"，方向上突出放大向东优势、做好向西开放文章，内涵上突出从产业向城市、人文拓展，方式上突出以平台建设助推抱团出海，服务上突出信息支持和风险防控。同时，大力实施以"国际化企业为主体，国际化城市为基础，国际化人才为支撑"的经济国际化战略，全面拓展开放新空间，不断引领开放型经济向更高层次发展。

（四）创新实力明显提升，企业创新为重中之重

江苏制定落实产业科技创新中心和创新型省份建设40条政策，区域创新能力连续八年位居全国第一。江苏省科技进步贡献率达61%，比上年提高1个百分点。90%以上的大中型企业建立了研发机构，省级以上众创空间384家。全年授权专利23.1万件，其中发明专利4.1万件。万人发明专利拥有量为18.5件。全年共签订各类技术合同2.9万项，技术合同成交额达728亿元，比上年增长4.0%。全省企业共申请专利33.9万件。在实施创新驱动战略过程中，江苏一直把增强企业创新能力作为重要任务，着力推动创新资源、创新政策、创新服务向企业集聚，支持有条件的创新型企业承担重大科技攻关任务，支持骨干企业建立高水平研发中心，引导企业加快技术研发和产品创新，推动"江苏制造"向"江苏创造"转变，积极抢占全球产业创新制高点。目前，江苏省大中型企业研发中心建有率已经超过90%，80%以上的科技投入来自企业，引进的高层次人才80%以上到了企业。

（五）供给侧结构性矛盾突出，产业转型加快推进

江苏发展面临供给侧结构性矛盾突出，实体经济下行压力较大，传统产业中低端供给不适应需求结构升级变化，钢铁等行业产能过剩问题依然严重。近年来，随着资源、能源、环境约束持续加大，资金、土

地、劳动力等要素成本持续上升，不仅严重削弱了传统制造业的竞争力，也大大制约了高技术产业的发展后劲。在加快推进产业转型升级和结构调整方面下更大的功夫，如加快数字化、智能化改造提升，加大科技创新力度；完善市场准入和监管、产权保护、信用体系等。

（六）新型城镇化步伐加快，区域协调性增强

新型城镇化和城乡发展一体化成效明显，国家新型城镇化综合试点全面推开，城乡发展"六个一体化"深入实施，城镇化率达到66.5%，提高了6.2个百分点。交通、能源、水利、通信等现代基础设施体系日趋完善，综合支撑能力进一步增强。年末城镇化率达67.7%，比上年提高1.2个百分点。区域发展协调性进一步提高。苏南提升、苏中崛起、苏北振兴实现重大突破，苏南现代化建设示范区的引领带动作用日益显现，南京江北新区成功获批，苏中融合发展特色发展加快推进，苏北发展六项关键工程取得阶段性成效，苏中苏北经济总量占全省的比重提高2.4个百分点。苏中和苏北对江苏省经济增长的贡献率达45.3%，沿海地区对全省经济增长的贡献率达18.4%。沿海开发五年推进计划和六大行动顺利完成，经济总量突破1.25万亿元，成为新的经济增长极。[①]

第三节　南京城市发展的新要求

作为当代中国东南沿海大都市的明星城市，新阶段、新环境对南京的城市发展提出了更新、更高的要求。南京要进一步增强责任感和使命感，以国际视野、全球眼光，与时俱进，主动对接国家战略，紧紧围绕"两聚一高"和"一个高水平建成、六个显著"目标，牢记"两个率先"使命，充分发挥自身优势，大力提升核心竞争力，努力建成"首位度高的省会城市、影响力强的特大城市、国际化程度高的历史文化名城、幸福感强的宜居宜业城市"，在"建设新江苏"的奋进路上争当领头雁。

---

① 《江苏省国民经济和社会发展第十三个五年规划纲要》，苏政发〔2016〕35号。

一　在全球大背景中来谋划，把握全球发展趋势

世界范围内新一轮科技革命和产业变革正在兴起。以信息技术为引领、生物技术、新材料技术、新能源技术等技术群广泛渗透，交叉融合，带动以绿色、智能为特征的群体性技术突破，重大颠覆性创新不时出现。南京作为江苏省改革开放的最前沿，不仅是江苏接轨国际的重要节点，也是江苏参与国际竞争的重要平台。"十三五"时期，南京发展要立足国际视野，以更加开放包容的姿态，牢牢紧跟国际政治经济格局的变化趋势，把握新一轮科技革命的潮流，顺势而为，积极探索应对全球发展新趋势的策略和路径，力争在某些方面形成国际影响力和国际竞争力。

二　充分主动对接国家战略，提升开放合作水平

南京要一如既往地代表江苏承载国家战略，坚定不移地推进新一轮高水平的对外开放，全面提升开放型经济水平。把自身发展放在全国发展的大格局中来谋划，不仅要完成"五个全面上新台阶"和"强富美高"的要求，还要衔接和落实好国家"两个百年"的目标，为打造中国经济升级版发挥更多更大的正能量。在此基础上，以更大的改革力度、更优的创新机制建设好"一带一路"节点城市、长江经济带门户城市、长三角区域中心城市和国家创新型城市。积极落实《长江三角洲城市群发展规划》，加快推动与上海浦东新区、浙江舟山群岛新区、上海自贸区等的联动发展，促进南京都市圈与长江中上游地区的协作。

三　发挥带头引领作用，提升首位度

南京要紧紧围绕"四个全面"战略布局，始终牢记"两个率先"光荣使命，坚持现代化国际性人文绿都的城市定位，统筹推进经济、政治、文化、社会、生态文明建设和党的建设，加快形成引领经济发展新常态的体制机制和发展方式，着力建设经济强、百姓富、环境美、社会文明程度高的新南京，确保率先迈向全面现代化建设新征程，不断增强经济实力，大幅提高首位度，成为引领区域发展的核心增长极，在"建设新江苏"的奋进路上走在前列，争当排头兵。

四　立足自身发展特色和优势，提升核心竞争力

"十三五"时期，南京将处在创新转型发展的关键阶段，面临一系列前所未有的发展机遇和瓶颈，必须准确把握战略机遇期内涵的深刻变化，准确把握国际国内发展基本趋势，准确把握江苏发展阶段性特征和新的任务要求，清醒认识南京自身发展特色和优势，立足于发展阶段转换，瞄准未来发展目标，既强调自我创新，又强化经验借鉴，实现顶层设计与重点突破的有机结合，探索符合发展阶段转换要求的创新转型之路。随着"一带一路"、长江经济带等重大国家发展规划的深入实施，南京作为"一带一路"节点城市和长江经济带门户城市大有可为；东部地区重要中心城市和特大城市的定位，为南京在全国和区域发挥更大作用提供了战略空间；江北新区获批国家级新区，为南京打造新的重要增长极、推动南北联动发展和扬子江城市群建设提供了重要平台。从自身优势来看，南京是全国科教中心城市，科研机构和人才资源集聚总量位居全国前列，这是新常态下推动创新发展、转换发展动能的重要基础和突出优势；南京是国家历史文化名城，文化人才荟萃，文化底蕴深厚，文化遗产众多，文化资源优势十分明显；南京地处沿江和沿海经济带"T"形发展轴的连接点，是"一带一路"和长江经济带两大国家战略的重要交汇点，承东启西，沟通南北，区位优势明显；南京水陆空综合交通体系完备，尤其是长江 12.5 米深水航道为我们提供了江海联运重大基础，凸显了南京的航运枢纽地位。此外，作为省会城市，南京具有发展总部经济及金融等现代服务业的独特优势。同时，也要清醒地认识到，面对全面深化改革进入深水区、经济发展进入新常态、全面从严治党提出新要求，南京在新一轮发展中还面临许多困难和挑战。

根据上述要求，南京新时期的发展主线要突出全面深化改革开放，加快实施创新驱动发展战略，着力提升核心竞争力。一是契合全面实施创新驱动发展战略的要求，二是契合全面深化改革的要求，三是契合中央在新形势下对江苏发展的新要求。习近平总书记在江苏考察时强调，"为全国发展探路是中央对江苏的一贯要求"……"关键还是转方式、调结构"。

第四节　南京城市发展的新趋势

改革开放构成了我国大都市发展的一条核心主线。鉴于南京在长三角区域乃至全国经济社会发展中的重要地位，未来的改革应重点围绕建设世界级城市功能以及与之相匹配的制度化管理体系展开。南京城市发展的新趋势主要包括如下方面：多规合一理念下的大都市协同发展，特大城市功能定位下的人口结构更趋优化，后青奥时代下的国际化趋势明显，人文绿都视角下的现代化进程加快，提升首位度战略下的城市功能优化。

一　多规合一理念下的大都市协同发展

近年来，多维度、复杂化、多规划协调研究在学术界的讨论，由理论研究逐步向规划实践发展，更关注于空间资源的合理配置与高效利用、环境容量控制、资源有效保护、生态承载力的研究，力求促进经济社会和人口、资源、环境的协调发展。这是科学发展的内在要求，更是多规合一的核心目标。自 2013 年开始，伴随国家层面一系列顶层政策文件的发布，多规融合研究受到了更多的关注。2013 年年末召开的中央城镇化工作会议提出要坚持一张蓝图，为每个城市特别是特大城市划定开发边界。2014 年发布的《国家新型城镇化规划》提出，要完善规划程序，推动有条件地区的经济社会发展总体规划、城市规划、土地利用规划等"多规融合"，有效解决我国当前面临的人口、社会、经济、环境各方面的矛盾，实现城乡一体化发展。国家发改委、国土部、环保部和住建部四部委在 2014 年联合下发《关于开展市县"多规合一"试点工作的通知》，提出在全国 18 个省区的 28 个市县启动"多规合一"试点工作。2016 年发布的《中共中央　国务院关于进一步加强城市规划建设管理工作的若干意见》提出，要改革完善城市规划管理体制，加强城市总体规划和土地利用总体规划的衔接，推进两图合一，并提出要在有条件的城市探索城市规划管理和国土资源管理部门合一。

在全面践行科学发展观，深入贯彻落实党的十七大、十八大及系列中央全会精神，全面深化综合改革、推进新型城镇化和现代化建设的关键时期，南京要统一认识和理念，特别注重顶层设计，积极构建多部门协同机制，包括消除多头治理模式。突出与城市总体规划修改相结合，推进经济社会发展、城乡、土地、人口、环境等"多规合一"，把握好服从发展与调控发展的关系。到 2020 年，基本建成与南京现代化大都市空间格局相匹配、与经济社会发展相适应、内外衔接、市郊协调、城乡统筹的一体化公共交通系统。因此，新时期如何在多规合一中找出大都市发展的新思路，让南京在把握多重重要机遇的情况下，发挥在江苏"两个率先"中先行先试、重要示范的作用，实现南京大都市建设上新台阶，是南京未来发展的重要内容。

二 特大城市功能定位下的人口结构更趋优化

随着中国城市化的快速推进，我国城市的规模也在不断扩大，大都市的数量和规模呈现增长的趋势。随着城市人口的不断增长和规模的日益扩张，西方大都市曾经历过的环境污染、交通拥挤、住宅紧张、就业困难和生活质量下降等问题，成为我国大都市在发展中力图解决的问题。

在长三角打造世界级城市群的历史性进程中，作为长三角的唯一特大城市，南京城市空间发展格局面临重塑。在世界级城市群城市网络中的节点地位进一步提升，城市功能将随之拓展和丰富。[1]

改革开放以来，中国经济之所以保持持续高速增长，其中一大原因与充沛的劳动力有关。在各种发展因素中，人口因素是影响经济社会发展的基本因素。无论在总量上，还是在结构上，人口因素一旦发生趋势性改变，相应的经济社会政策就需要调整。

当今时代是以知识经济为驱动力、创新经济为引领的世界，人的因素成为社会发展的根本。人口与经济发展有着内在、本质的联系。人口要素是影响社会与经济发展的重要因素，适度的人口规模、合理的人口结构与分布，对城市转型发展、创新发展具有举足轻重的作用，而创新

---

[1] 叶南客：《特大城市"十三五"发展新思维与目标愿景——以南京建设现代化国际性人文绿都为例》，《中国名城》2017 年第 2 期。

发展和转型发展是今后一段时期中国城市经济综合竞争力的体现。①

国际化大都市建设一直是南京人追求的目标。南京市第十三次党代会明确提出要加快推进城市国际化，率先基本实现现代化。按照会议精神，南京市又出台了《加快推进城市国际化行动纲要（2012—2015）》，并按照着力加强国际化创新功能、国际化商务功能、国际化文化功能、国际化会展旅游功能、国际化人居功能，加快城市国际化进程，提升城市国际化水平，扩大城市的国际影响力，加快建设区域性国际化城市，打造世界软件名城、世界历史文化名城、世界科教名城和世界体育名城的思想为指导，提出了到2015年，以青奥会为契机，以城市现代化水平、城市国际化水平、社会文明程度"三个集中提升"为抓手，全面推进科教名城、软件名城、历史文化名城、体育名城建设，重点加快经济、创新、商务、文化、会展旅游、人居功能国际化进程，初步形成适应城市国际化发展要求的功能构架的发展目标。但是南京国际人才培养相对滞后，缺乏具有国际视野、知晓国际规则并能参与国际事务的国际化人才、国际化企业家。缺少国际创新与研发载体，世界著名企业的研发中心、创新中心还没有落户南京，国际企业研发园、国际企业孵化器、留学人员创业园等一批国际化研发创新载体还有待进一步建设和发展。

具体而言，一是实施多规协同，构建"多规合一"的城乡总体规划技术路线。以城市总体规划人口规模预测、人均建设用地等技术，协同经济社会发展规划、土地利用规划和城市总体规划等多类规划做好有效衔接。针对人口结构的发展现状与变动趋势，率先编制南京中长期人口发展的战略设计，出台关于人口与家庭发展的阶段性地方性政策和法规，引导人口结构有序、平衡、健康发展。整合人口发展各类信息资源，建设南京人口发展公共数据中心，动态掌握和挖掘人口结构变化的影响因子，快速响应并分类制定有效应对策略。二是围绕特大中心城市人口疏解、人口总量控制，必须研究如何遏制住人口无序过快增长的势头，积极探索人口调控的措施办法，要抓好以业控人、以房管人、以证

---

① 丰志勇、叶南客、周蜀秦：《人口结构变化与城市综合竞争力提升关系研究——以南京为例》，《南京邮电大学学报》（社会科学版）2014年第12期。

管人。创新和加强特大城市跨界社会治理的实践，以青奥村、南京综保区等样本案例，探索建设国际化的公共服务体系。加快宁镇扬都市圈、外围城镇、大区域的公共社会征信系统等同城化公共服务体系建设和应用对接，强化都市危机应急主体多元化、体系化与区域协同建设，建立有效防范风险社会的治理机制。三是以多层级、多方式推进城镇化，实现人口结构的质态提升与布局优化。非农化的转移就业人口是新型城镇化的主体，应以公平享有发展机会和权益为原则，创造条件为非农化就业转移人口提供可自主选择的工种。建立都市区、新市区、外围新市镇和小城镇在就业、居住、公共服务等方面不同优势的梯度供给结构，以"都市区就业＋定居""都市区就业＋新市区定居""新市区就业＋定居""都市区就业与居住＋回乡养老""外围新市镇就业＋定居"等多种方式解决新型城镇化过程中人口身份待遇统一和安家诉求，实现以人为核心的新型城镇化。四是加速推进都市区—城乡公共服务均等化的进程。优质均等的公共服务是人口合理流动的黏合剂。要大力推进中心城区与外围区域公共服务的均衡化发展，为在不同地域工作、生活的各类人群提供均等、优质的公共服务，营造良好的就业和创业环境。必须加快副城、新市区、地铁小镇的公共基础设施与公共服务体系的软硬件建设，同步配套实施就业、教育、消费、生活、文化与生态空间的营造，在服务均等化前提下实现人口结构空间分布秩序的有机疏散。

三　后青奥时代下的国际化趋势明显

南京是继北京之后的中国第二个奥运城市。北京通过 2008 年的奥运会，在展示国家实力、重塑国家形象的同时，也使北京城市的国际化战略得到了实施，提升了国际化大都市的服务功能，同时也坚定了北京在 2050 年前后成为"世界城市"的目标。

南京青奥会在展现了中国梦、青春梦和世界梦融合的同时，也更多地体现了南京城市和江苏省的"地方实力"，即通过世界青年奥林匹克赛事，来让世界认识、了解南京，加快南京的国际化进程。南京作为长三角的重要区域中心城市，作为中国最发达省份之一的省会城市，地处高度开放和国际化的前沿地区，理应进入全球城市网络，在亚太地区和国家层面上承担更多的经济、文化、教育等方面的职能。2009 年，南京决定申办青奥会，就是出于城市发展的国际化大战略来考虑的。在筹办的四年多时间里，南京不仅按照国际奥委会的要求，提供了高标准的赛会场地及配套设施，同时按照国际化、现代化的标准，来完善城市功能，在产业升级、交通体系建设、生态修复、绿色可持续等方面，取得了重要进展。青奥会的成功举办，城市服务的超水准，验证了南京的国际化实力和综合服务能力，表明南京已可以和北京、上海、广州等国内一线城市一样，具有参与全球事务活动的综合实力。以青奥会的成功举办为起点，南京要重新认识自身的城市发展定位，尤其是要全面、理性审视现有的国际化发展战略，从对历史负责、对国家负责，也是对世界负责的高度，拟定好超长期的南京城市发展战略目标和实现路径。青奥会的"南京模式"已经被国际奥委会认为是"树立了可持续赛事组织的优秀典范"。

按照世界奥林匹克赛事举办的周期律，一般是 30 年的轮回，伦敦、东京等，基本如此。对于中国来说，基础设施的优势、大型赛会的举办能力以及人才保障，这个周期会缩短。2008 年夏奥会之后，北京与张家口联合申办 2022 年冬奥会，胜算的概率很高。假如按照 30 年的轮回，在 2040 年前后，中国将可以再次获得夏季奥运会的举办权。届时除了北京、上海之外，不仅在大型赛会举办能力上，而且作为国内仅有的两个奥林匹克城市之一（另一个为北京），相比其他中国城市最有条件承办的就是南京了。国际奥委会巴赫主席，在 2014 年青奥会上就向全球宣布，南京具备了承办任何国际赛事的能力，当然包括奥运会。这表明，南京是可以探讨在 2040 年前后成为再次代表中国申办夏季奥林匹克运动会城市的可能性，进而可实现成为世界级城市的目标。

2014 年南京青奥会，在南京城市国际化进程中具有里程碑式的时空意义。作为南京当代史上最具时代意义的全球大事件，从"申奥"到"办奥"方方面面的努力和探索，南京青奥会创造了巨大的信息积累和知识价值。青奥会的举办，全面释放出对于南京、中国乃至世界的重要时代意义和历史与未来的价值。对于南京而言，青奥会不仅是开启"十三五"的时间点，更是点燃城市百年梦想，让城市文化和气场涅槃重生的时空坐标。而南京青奥会后的未来一二十年，是实现党的十八大提出的"两个一百年"奋斗目标的最关键阶段。2014 年南京青奥会影响的这一代青年人，将在未来 10—20 年的时间里成为南京、中国、世界发展的中坚力量。他们遵循的核心价值体系以及实践行动，将是深度促进中国梦与青春梦、世界梦融合的关键。

随着"一带一路"倡议全面加速展开，长江经济带建设强力推进，上海自贸区制度创新加快复制推广，长三角一体化进程不断提速，江北新区规划建设稳健起步，多重国家战略的叠加，正为南京发展带来青奥之后的新一轮强劲东风。因此，南京要充分运用好奥运遗产，促进城市后续发展。在"后青奥"时代，开启国际化新征程，在国家推进新型城镇化发展战略的背景下，推进以人为本的区域城市化，围绕提升区域城市化发展质量，着力提升城市国际化、城郊现代化、郊区城市化的水平。

四 人文绿都视角下的现代化进程加快

十八届五中全会提出了"创新、协调、绿色、开放、共享"的发展理念，成为"十三五"发展的新理念。南京是历史文化名城、产业发展重镇、山水城林之都，同时也是一座正在迈向现代化、国际化的特大城市。面向"十三五"，南京要牢固树立"创新、协调、绿色、开放、共享"的理念，积极探索"五大发展理念"实践路径，努力创造"五大发展理念"实践样本。在概念内涵和城市品质层面，"现代化国际性人文绿都"的总定位，作为南京市"十一五"以来的核心战略，既默会了"五大发展理念"的内涵指向，又在践行"五大发展理念"中对城市发展的品质和愿景有了更高层次的升华。

南京市第十二次党代会确立的"现代化国际性人文绿都"的城市定位，符合省委、省政府对南京发展的明确要求，符合南京基本市情。同时，也应看到，随着"一带一路"和长江经济带等国家重大发展规划的推进实施，南京发展环境条件也在发生深刻变化。为适应新的形势要求，南京要在坚持"现代化国际性人文绿都"城市定位的基础上，进一步拓展和深化对城市目标定位的认识，提出建设"一带一路"节点城市、长江经济带门户城市、长三角区域中心城市和国家创新型城市"四个城市"的奋斗目标。

市委十三届十三次全会提出，以习近平总书记系列重要讲话特别是视察江苏重要讲话精神为引领，全面贯彻中央城市工作会议和省委全会精神，全面提升城市的综合实力和国际竞争力，围绕建设"现代化国际性人文绿都"的发展方向，南京将进一步树立精致建设、精明增长、精细管理、精美品质的工作导向，着力转变城市发展方式，着力塑造城市特色风貌，着力彰显城市文化内涵，着力提升城市环境质量，着力创新城市管理服务，加快建设生态宜居、富有活力、智慧人文的现代化特大城市。围绕"十三五"规划确定的重点任务，进一步优化区域特色产业功能定位，南京将着力打造国际软件名城、中国"互联网＋"名城、中国智能制造名城、中国现代服务业名城"四名城"。

总体而言，"现代化国际性人文绿都"作为南京"十一五"以来面向 2020 年的发展总目标，内涵与定位在不断丰富和拓展。"十三五"作为南京全面建设小康社会与中国共产党第一个一百年目标的关键阶段，"现代化国际性人文绿都"的这个总目标，需要放在新的历史时空背景下进行全新的解读和理解。特别是在"四个全面""五个新台阶""强富美高"和"十三五"规划"五大理念"的新的语境中，"现代化国际性人文绿都"的内涵、定位都要赋予新的历史内容和价值追求。市委十三届十三次全会更是明确提出，南京要加快转变城市发展方式，努力推进具有南京特色的现代化特大城市建设，建设生态宜居、富有活力、智慧人文的现代化城市。作为对国家战略和规划的回应，"现代化国际性人文绿都"总定位的内涵进一步得到丰富和深化。

五　提升首位度战略下的城市功能优化

南京一直以来是长三角地区重要的区域中心城市，《长三角区域规划》赋予了南京门户城市的功能，同时南京凭借科教资源的优势和综合枢纽城市的地位，在创新和服务经济带动下积极向国家中心城市迈进。《苏南现代化建设示范区规划》中提到，2030 年苏南示范区将建成经济发达、社会进步、生活富裕、生态良好、民主法治的现代化地区，南京作为苏南板块中唯一的省会城市位列其中。目前，国家正在编制新的《全国城镇体系规划》：构建"十百千万"的城镇体系，即"十个国家中心城市、一百个国家特色城市、一千个中小城市、一万个特色镇"。"国家中心城市"是处于城镇体系最高位置的城镇层级，在全国具有引领、辐射、集散功能，在综合服务、产业发展、物流枢纽、开放带动和人文凝聚等方面拥有超强实力。目前，南京在区位、产业、交通和科教等方面拥有得天独厚的优势。南京作为长三角区域中心城市，已经具备了较强的要素聚集、创新引领、产业辐射功能。2016 年全国"两会"，缪瑞林市长建议在优化东部城市群的过程中，把南京作为国家中心城市放到中心群来推动，在全国发展大格局中承担更大的使命，发挥更大作用。

　　然而，南京在国家新的多重国家区域战略实施过程中，区域中心城市原有的地位、结构被重构，资源、利益分配格局也将重新调整，南京提升城市首位度面临诸多挑战。如在上海龙头地位更加突出的背景下，接受上海辐射并形成自己新的辐射的难度逐步增大；在中西部城市日益崛起的潮流中，南京腹地的拓展和巩固面临较大的压力；在省会城市综合经济实力不断增强的态势下，南京承担中心城市作用的挑战日益加大等。因此，在提高首位度的战略视角下，南京要优化城市功能布局，带动城市发展。例如伦敦依托各具特色的功能区的支撑，发展成为英国经济中心和世界金融中心；荷兰鹿特丹通过港口基础设施布局和重化工业的转移，带动城市跨河发展；日本东京整合交通港口资源，提升城市竞争力。

　　南京"十三五"规划在重点地区空间布局方面，明确提出要重点建设江北新区，围绕三个城市功能区、三个产业功能区和一个港口物流功能区进行重点建设，提升南京中心城市功能。《长三角城市群规划》明确了未来的特大城市南京，对周边都市圈的腹地与辐射作用。规划同时提出，长三角城市群要构建"一核五圈四带"的网络化空间格局。以上海为核心，推动五大都市圈的同城化发展，强化四个发展带的聚合发展。五大都市圈的第一圈正是南京都市圈：包括南京、镇江、扬州三市。规划提出，要提升南京中心城市功能，加快建设南京江北新区，加快产业和人口集聚，辐射带动淮安等市发展，促进与合肥都市圈融合发展，打造成为区域性创新创业高地和金融商务服务集聚区。

第二章

新挑战　新特征

城市发展进入新常态，意味着进入新阶段后，固有的生产方式将发生根本性改变，必将迎来经济、文化、生态等诸多的新挑战；进入新常态，也意味着新机遇的光临。只有把握新机遇，才能找到城市发展的新路径，呈现发展的新特征。

第一节　城市发展存在的困境

随着时代的发展，在国家、省市战略定位的引导下，近年来，南京在经济、社会、文化、生态等各方面的建设均取得了一定的成绩，但面向未来，南京这座国家特大型城市，在建设中依然存在一些不足。

一　经济发展方式转型动力不够强大

南京的经济发展在经历了工业第一方略重点发展服务业、转型升级工业产业等阶段后，从"十二五"后半期开始逐渐转入"速度变化、结构优化、动力转化"的新常态，围绕"五型经济"发展规划，在技术和制度创新方面取得了一定进展。但在新经济常态下，南京的经济发展方式转型动力仍然不够强大。

（一）区域经济发展均衡化有待提升

南京的江南、江北长期处于发展不均衡状态。虽然江北新区已获批为国家级新区，但目前两者在产业规模与结构、城市化水平、人口规模、基础设施建设等方面的差距依旧明显，江北地区的各项指标远低于全市平均水平。据统计，2015年，江北新区城镇化率尚不足60%，远远低于全市水平的81.4%。江北三次产业结构现状为5.3∶55.2∶39.5，与全市三次产业结构2.4∶40.3∶57.3相比，江北地区仍然以第二产业为主，并且主要集中在五个国家级、省级园区以及其他园区内，乡镇工业布局较为分散。江北城市功能不够完善，基础设施的建设速度一直低于江南地区，大型商业、体育、医疗、教育等主要公共服务设施的建设不均衡，江北新区的商贸服务设施用地所占比例低，建设标准低，业态水平也较低。同时，城市多中心体系尚未形成，造成主城区内部区域发展不平衡。

（二）城市创新驱动优势有待进一步提升

城市是区域的经济中心和政治文化中心，城市创新是一种在一定边界内具有物资、人才、活动的密集性、高效性和多元化的区域创新。城市创新力的活跃度，在很大程度上决定了一个城市的未来。

相比较国内的同类城市，南京原本具有较为明显的创新优势，但随着其他城市创新发展的陆续推进，南京原有的创新优势正在逐渐丧失，同时受商务成本和生活成本上升的影响，高新技术企业和人才等创新资源也在逐渐流失。如目前南京具有国内外影响力的知名本土企业并不多。自2005年以来，德勤公司连续多年发布了《亚太地区高科技成长企业500强》年度报告名单，该名单涵盖了科技、传媒、电信行业（TMT）的众多企业。资料显示，在2013年德勤高科技、高成长中国前50强企业排名中，北京有18家、深圳11家、成都8家、大连5家、上海4家、广州3家、苏州1家，占比分别为18%、11%、8%、5%、4%、3%和1%，南京没有一家企业入选。2015年，入选德勤高科技、高成长中国前50强企业来自北京、武汉、深圳、大连、上海、重庆、常州、成都、杭州、无锡、西安、镇江和香港13个城市，南京依然没有企业入选。2016年，入选企业主要来自北京、深圳、成都、大连、上海、广州、武汉、青岛、杭州等9个城市，南京依然没有入选企业。具体情况见表2—1。而截至2015年年底，南京拥有两院院士和国家"千人计划"特聘专家数均位列全国第三，全社会研发经费支出占地区生产总值比例达2.99%；拥有科技公共服务平台123家，重点实验室89家，科技企业孵化器158家，科技服务机构288家。但这种科技创新资源的优势在应对全球新一轮科技革命和产业革命时，仍面临企业技术创新动力不足和能力不强等问题，这给南京今后的发展带来了极大的挑战。

表2—1   2013年、2015年和2016年德勤高科技、高成长
中国前50强企业的分布情况

2013 年度			2015 年度			2016 年度		
城市	上榜企业个数	占比	城市	上榜企业个数	占比	城市	上榜企业个数	占比
北京	18	36%	北京	17	34%	北京	10	20%
深圳	11	22%	深圳	8	16%	深圳	8	16%
成都	8	16%	成都	1	2%	成都	8	16%
大连	5	10%	大连	2	4%	大连	1	2%
上海	4	8%	上海	2	4%	上海	5	10%
广州	3	6%	武汉	12	24%	广州	4	8%
苏州	1	2%	香港	1	2%	武汉	10	20%
			西安	1	2%	青岛	2	4%
			重庆	2	4%	杭州	2	4%
			杭州	1	2%			
			常州	1	2%			
			无锡	1	2%			
			镇江	1	2%			

资料来源：德勤公司。

就专利技术而言，南京处于同等城市中等水平，与其高校、科技资源多等未能形成正比。例如2015年，深圳、宁波、广州、南京、西安、武汉、济南、哈尔滨、厦门等主要副省级城市的专利授权量分别为72120件、46088件、39834件、28104件、25103件、21740件、15537件、12466件、12467件；2016年，深圳、苏州、杭州、宁波、无锡、广州、南京、西安、武汉、济南、哈尔滨、厦门的专利授权量分别为75043件、53528件、41052件、40792件、29865件、48314件、28782

件、38279 件、22925 件、15453 件、12247 件、12109 件，见表 2—2。远远低于深圳、杭州、广州等城市，也远低于省内的苏州，2015 年南京市专利授权量仅为苏州的 45%，2016 年差距虽有所缩小，但也仅为苏州的 53.77%。

表 2—2　　　　2011—2016 年主要副省级城市暨省内城市专利
授权量比较　　　　　　　单位：件

年份\城市	2011 年	2012 年	2013 年	2014 年	2015 年	2016 年
深圳	39363	48662	49756	53687	72120	75043
苏州	77281	98276	81665	53000	62263	53528
杭州	29251	40651	41518	33548	46245	41052
宁波	37342	59175	58406	43286	46088	40792
广州	18339	22045	26156	28137	39834	48314
西安	9274	11862	16250	17271	25103	38279
无锡	34077	51442	39828	27934	34776	29865
南京	12406	18612	19484	22844	28104	28782
武汉	11588	13698	15901	16335	21740	22925
济南	11329	14367	12389	11701	15537	15453
哈尔滨	6260	9796	10315	9284	12466	12247
厦门	5484	7477	8255	8944	12467	12109

资料来源：各城市历年统计年鉴整理。

（三）开放型经济不温不火

受外部因素影响，南京开放型经济的开放程度和质量有待提高。近年来，南京坚持以"三个国际化"为引领，开放型经济发展取得了较大成绩，但与国内先进城市相比，还存在一定的发展差距，面临着转型升级和结构调整的压力。如在开放型经济总量规模上，2011 年南京进出口总额是 573 亿元，在 15 个副省级城市中排名第八，而到 2015 年排名变为第九；2016 年，回归第八位。虽然排名位次变化不大，但2011—2014 年间南京进出口总额下降幅度较大，由 2011 年的 573 亿美元下降到 2014 年的 326 亿美元，下降了 247 亿美元，在 15 个副省级城市中下降幅度最大。2015 年，南京市进出口总额为 532.7 亿美元，在省内位列第三，比第二名无锡（684.67 亿美元）低了 151.97 亿美元，仅为第一名苏州（3053.5 亿美元）的 17.4%。而且 2015 年，全市外贸出口总额同比下降 3.4%，这是 2009 年以来出口首次出现下滑；南京出口总额在 20 个大中城市列第 13 位，处于中等偏下水平，在六个长三角大中城市中列倒数第一；外贸出口总额占 GDP 比重为 21.4%，在 20 个大中城市列第 12 位，低于省内的无锡。[①] 在服务贸易发展方面，新增长点的支撑作用不够强劲，外贸新兴业态尚处起步阶段，服务贸易优势尚未得到充分发挥。2015 年，全市服务贸易进出口总额为 72.1 亿美元，占全市对外贸易总额的 13.5%，比 2013 年的 18.6% 降低了 5.1 个百分点；而同年广州市全年服务贸易进出口达 291.7 亿美元，是南京的四倍；上海实现服务进出口 1967 亿美元，约占全国服务贸易总额的 30%，占上海对外贸易总额的比重提升至 30.3%。可见，与上海和广州相比，南京的服务贸易在开放型经济中的比重还相对较低。在出口结构上，南京的高新技术产品占比较国内同类城市为低。2015 年，南京高新技术产品出口 75.12 亿美元，占全市出口总额的 23.8%。而早在 2013 年，深圳和成都高新技术产品出口占出口总额的比重均已达 55% 以上，南京与其差距之大由此可见一斑。与此同时，南京"走出去"促进服务和保障体系不够完善，须进一步整合资源，提高大通关效率，进一步完善口岸功能平台建设。

二　城乡二元结构没有根本改变

研究表明，由于长期偏重的城乡二元结构，导致经济发展质量、城市建设水平、空间环境品质较好的南京，在居民收入、社会保障、基础设施等方面与苏南经济发达城市有较大差距，与南京特大型中心城市的地位不够匹配，影响了居民的生活幸福指数，这是影响南京城市发展迈向新台阶的又一大障碍。

[①]　徐锋：《2015 年南京与全国主要大中城市经济发展对比分析》，《改革与开放》2016年第 7 期。

（一）城乡居民收入差距较大

近年来，南京实施城乡居民收入倍增计划，拓宽居民就业、创业、投资、社保和帮扶"五大增收渠道"。如通过实施"十万农民创业工程"、创业公共服务优化工程，落实农民就业失业登记、求职登记、援助、创业服务等制度，积极推进农业现代化工程、新型农民合作组织培育工程，促进城乡人口结构更加优化、就业结构更加优质，为从根本上缩小城乡差距提供了政策和路径支撑。农民收入有了大幅提升，2015年南京市农村居民人均可支配收入达19483元，比2014年增长了10.32%，位居全省第一。

虽然南京的农业现代化进程有了较大发展，但明显滞后于城市化建设。虽然2015年南京农业现代化进程跃居全省第一，但与发达地区相比，农业现代化水平仍然不高。农业是国民经济的基础，当前正处于工业化、信息化、城镇化、农业现代化"四化同步"的关键时期，但当前我国农村地区互联网基础设施相对薄弱，在2014农业信息化高峰论坛上，农业部副部长陈晓华指出，我国农村仅有不足30%的家庭拥有计算机，农村互联网普及率仅为27.5%，而且信息技术在农业领域的应用大多停留在试验示范阶段。南京农业园区创建层次不够高，已建设的部分区域的"毛细血管"不够发达，"最后一公里"等问题依然存在；现有各类农业经营主体发育处于初级阶段，特别是家庭农场、合作社规模偏小，基础设施薄弱；专业化生产、规模化经营能力较差。农业劳动生产率远低于第二、第三产业的劳动生产率，这就决定了农民的收入与城市的收入存在巨大的差异。数据显示，就绝对值而言，2015年与2016年，南京农村居民的人均可支配收入均位列南京、无锡、苏州、杭州、宁波、上海六个城市的末位。例如2015年南京农村居民人均可支配收入分别比苏州、杭州、无锡、宁波、上海低6217元、6236元、4672元、6986元和3722元；2016年则分别扩大为6535元、6725元、5002元、7416元和4364元。

尽管南京市居民收入的城乡差异近年来呈现明显降低的趋势，但在长三角六个主要城市中，南京市的城乡收入比依然排名末位，2015年南京市城乡居民收入比为2.366：1（国际公认城乡居民收入比应低于1.5：2），略高于江苏省2.286：1；2016年略有降低，为2.363：1。而

同时期长三角的杭州、宁波、苏州和无锡四个城市的城乡收入比均低于
2，如表 2—3 所示。

表 2—3   2015 年、2016 年长三角地区主要城市城乡收入比较

城市	2015 年			2016 年		
	城镇居民人均可支配收入（元）	农村居民人均可支配收入（元）	城乡收入比（元）	城镇居民人均可支配收入（元）	农村居民人均可支配收入（元）	城乡收入比（元）
南京	46104	19483	2.366	49997	21156	2.363
无锡	45129	24155	1.868	48628	26158	1.859
苏州	50390	25580	1.970	54341	27691	1.962
杭州	48316	25719	1.879	52185	27908	1.870
宁波	47852	26469	1.808	51560	28572	1.805
上海	52962	23205	2.282	57692	25520	2.261

资料来源：各城市 2015 年和 2016 年《国民经济和社会发展统计公报》。

（二）均等化公共服务实现还需时日

新型城镇化是以人为核心的城镇化，目的是为了改变过去重物轻人
的城镇化模式，为全体城镇居民提供共享、均等的公共服务，是新型城
镇化的主要目标。实现这一目标，政府部门须投入大量的"公共发展成
本"，以保障城镇健康发展必需的基础设施、生态环境、公共管理等基
本功能，满足居民住房、就业、养老、医疗卫生、入学教育等方面的
需求。

长期以来，南京市民生建设与公共服务供给的决策方式基本上是自
上而下的，与政府层级结构相吻合。在该模式下，难以形成真正的以民
生需求为导向的服务理念，难以实现作为公共服务供给主体的政府与作
为需求主体的居民之间的有效对接，导致部分决策部署和工作实施与民
生需求相背离。而且，虽然近年来南京市政府加大了对农村基本公共服
务供给的倾斜力度，但"城乡分治"的特征并没有得到根本性的改变。
农村公共事业投入基数低，总体规模有限，占总支出的比例较低；农村
人均财政支出远低于城镇。以农林水事务费为例，数据显示，2008 年

以来，南京的农林水事务在财政一般预算中的支出占比常年低于 7%（见表 2—4）。而且，在 2013 年以后，农林水事务支出占比呈现下滑趋势，2015 年更是降至 5.37%，是 2008 年以来的最低点。

表 2—4　2008—2015 年南京农林水事务支出占一般预算支出情况

年份	农林水事务	
	农林水事务支出（亿元）	所占比重（%）
2008	23.27	5.75
2009	28.23	6.12
2010	32.21	5.94
2011	44.08	6.62
2012	51.01	6.63
2013	57.73	6.78
2014	58.03	6.30
2015	56.17	5.37

注："农林水事务"指农业、林业、水利、南水北调、扶贫、农业综合开发和其他农林水事务支出。

城乡公共财政支出不均衡、政府事权和财权不匹配、省级以下财政转移支付制度不健全等因素，严重制约了基层政府供给公共服务的能力，加剧了城乡发展一体化的差距和区域间公共服务的差距。例如，农村的基础设施相对滞后，虽然青奥会的举办全面提速了南京的基础设施建设，2014 年全市基础设施投资比上年增长 14.3%，占固定资产投资比重达 21.6%，比上年提升 2.0 个百分点。"十二五"期间，1 号线、2 号线、3 号线、10 号线、宁高线（机场线）、宁天线 6 条线路等陆续投入运营，城西干道改隧、江北大道等工程全面建成，大幅缓解了过江交通、城区拥堵等难题，有效改善了城市公用基础设施供需矛盾，拓展了城市空间。但相当部分农村的公共交通、供水、水利等基础设施不够完善，对新农村建设造成了一定的制约。例如农村和城郊接合部的路网规划和建设多头管理，养护和管理投入不到位，造成开行至农村的公交和客运班车运行困难，导致城乡交通系统存在着各种运输方式之间的有效衔接和资源共享障碍；由于场站建设与运营使用缺乏协调，建设用地、资金等资源紧张问题依然突出，造成丁家庄、花岗、上坊保障房片区等公交场站规模偏小、建设滞后，难以满足保障房片区居民的正常出行需求。再如医疗卫生，南京的优质医疗卫生服务资源主要集中于主城区的大中型医院，郊区县每千人拥有的医院床位、医师和卫生技术人员远低于城区，"十二五"期末，新五区常住人口占全市总常住人口的45.22%，但医疗机构床位数仅占全市总床位数的28.86%；新五区每千常住人口床位数仅为3.96张，远低于6.2张的全市平均水平。基层医疗卫生机构设备差，用药限制多，优质医疗资源配置不均等，基层医疗卫生机构床位数仅占全市医疗机构床位数的8.35%，90%的床位资源集中在二、三级医院。这一方面加剧了城乡居民的"看病难""看病贵"，另一方面也导致基层医院基本医疗业务存在萎缩的风险。

（三）社会管理体制改革滞后于城乡发展新形势

随着各项改革的深入和城市化的加速，加剧了公共服务、社会管理等方面的负担，社区服务水平需要进一步提高。一些人口较为密集的重点中心镇和经济发达镇，面临"小马拉大车"式的基层行政管理体制和公共财政支出困局，迫切需要改革创新社会管理体制机制。此外，在南京和安徽一些交界区域，由于权属不清、监管薄弱等，仍然存在严重的"三不管"，带来了诸多社会问题，增加了社会管理的难度，提高了社会管理成本。

社会治理组织建设不断完善，但"中梗阻"现象依然存在。社会治理强调"过程"，倡导"调和"，兼顾"多元"，注重"互动"。南京市近年来积极探索社会治理，形成了"党委领导、政府主导、社会协同、公众参与、科技支撑、法治保障"的南京特色社会治理体制。一是社会协调治理不断加强。成立了城市治理委员会，调动和鼓励社会各类主体参与城市治理，长效机制基本建立。加大培育各类公共服务社会组织，每年制定政府购买公共服务目录，如2014年推出了10大类32子类131项公共服务购买目录；2016年，市民政局购买服务项目56个，总金额700余万元。二是社会治理不断创新。实施街道和社区体制改革，强化街道公共服务和社会服务职能，在全国率先取消了街（镇）的GDP考核。三是城区街道全部取消经济指标考核，将更多的精力投入社会管理服务。推进公共服务工作重心下移，促进基层公共服务和民生建设职能回归。如从 2013 年起，南京市率先在全国取消了社区 25 项工作任务、41 类评比、41 个机构、72 项台账，社区负担明显减轻。

社会治理组织建设虽然在不断完善，但由于上级政府与基层政府之间的权责不对应，"中梗阻"现象突出，街道一级成为"中梗阻"的重要组织载体；管理碎片化，有效反映老百姓民生需求的渠道不够通畅；政策碎片化，既造成基层街道出现严重的权责失衡，也致使民生政策缺乏整体统筹。如何探索街道体制改革，提升其综合执法能力，成为急需破解的议题。

社会管理水平不断提高，但安全生产隐患仍时有发生。南京市着力推进社会管理的科学化、规范化、法制化、现代化，深入推进社会矛盾化解、社会管理创新、社会治安防控体系建设等。通过加强社会管理综合治理，以深化平安创建为载体，不断创新管理模式，把社会管理综合治理工作作为一项长期的政治任务来抓，列入年度工作目标，有效化解社会矛盾，持续推进和深化机关平安建设，全力确保公众饮食用药安全，维护社会和谐稳定。依法治理安全生产，制定实施了《南京市安全生产条例》，从安全生产保障、重点事项规范、监督管理、应急救援、事故调查等方面，对全市安全生产工作进行系统规范。总之，整个社会公共安全不断改善，但安全生产隐患仍时有发生。据报道，2015 年一季度，全市共发生 61 起列入考核的生产经营性事故，虽然事故起数同比有所下降，但仍然造成了 34 人死亡，特别是 4 月 21 日扬子石化发生的乙二醇精馏装置爆炸事故引起了全国媒体的关注。

社会协同能力不断增强，但优质社会组织缺乏。近年来，南京社会组织积极参与社会治理，发展较快，总数和占比均位居全国前列。据统计，截至 2014 年，南京市备案的社会组织有 2.4 万家，注册的有 9000 多家；2016 年，备案的社会组织增长至 3.1 万家，注册的增长至 1.1 万多家，总数居全国副省级城市之首。这些社会组织在解决社会出现的问题、维护社会稳定、提高社会公益意识等方面发挥着自身的优势与作用，已成为社会协同发展不可或缺的力量。在南京，越来越多的社区出现了社区志愿者，他们作为群众团体的志愿者组织，承担和协助政府管理社会事务，焕发全新的生机和活力。① 社会组织能有效增强社会协同能力。但研究也发现，虽然南京社会组织的总数和占比位居全国前列，但扶持政策依然有待强化；社会组织"小、散、弱"的基本局面没有改变，真正能承接公共服务的优质社会组织较为缺乏。例如 2016 年，南京市民政部门首次委托第三方代理公司向社会力量购买公共服务，购买总额达 800 多万元。但在中期评估时，或由于项目执行力不强，或由于存在不规范运作行为等，四家社会组织被终止合同。

三　文化自主生长能力相对较弱

近年来，结合创新型城市建设的机遇，南京市抢抓文化和科技融合示范基地建设机遇，文化创新能力和产业竞争力位居全省前列。如南京市文化产业在全省文化产业绩效考核中连续多年保持领先；连续六年在全省文化发展绩效考核中排名第一；在全国率先构建了"1 + 1 + 1"文化产业融合政策体系，出台了《全市文化科技融合发展规划》《全市重点文化科技企业培育管理办法》《全市文化科技投融资体系建设计划》等政策文件及相关配套文件，有效推进了科技创新和文化创新"双轮驱动"和产业提质增效；依托南京高新技术开发区，推动文化和科技园区、文化和科技企业双向跨界，2014 年有 17 家企业入选省级文化科技重点企业，2016 年有 44 家企业入选 2016 年第一批江苏省科技型中小企业，12 家企业入选"第二批省民营文化企业30 强"，13 家企业入选"第二批省重点文化科技企业"；实施"文化科技人才"计划，出台了市《文化人才专项资金管理办法》，引进文化科技创业人才 218 名，60% 以上落户文化和科技融合示范基地，为文化科技融合发展汇聚智力资源。但南京文化发展面临的困境也日渐凸显，主要表现为以下方面。

（一）区域文化发展不够平衡

就全市而言，老城区与新城区之间、各区之间的文化建设发展不够平衡。一是城乡文化发展差距较大。城区的文化设施相对齐全，文化服务保障较好；农村地区文化设施相对薄弱，人员队伍不够稳定，文化服

---

① 施团轩、许琴：《青春在社会管理创新中绽放》，《南京日报》2012 年 5 月 7 日。

务保障不够到位。二是区域文化发展具有差异性。由于区域经济发展水平不同，在文化建设经费保障上存在投入不足的问题，个别区还存在"两馆"不达标的问题。"十二五"期间，虽然各级政府重视加强文化建设，出台了不少政策规定，但在文化建设投入上仍然是以政府投入为主，文化投入与人民群众的期待和经济社会发展的要求不相适应。全社会重视参与文化建设的氛围不浓，利用社会力量兴办文化的政策杠杆不够有力，全方位的投入机制尚未建立，投入与产出的矛盾、供给与需求的矛盾、政府引导与参与度不高的矛盾依然突出，这也在一定程度上影响了全市文化建设的进程。三是区域文化产业发展不平衡。例如2015年，鼓楼区文创产业从业人数有4.3万人，全区文创产业营收预计达160亿元，文化产业增加值占GDP的比重达6.6%；玄武区文化产业增加值占地区生产总值的12.9%；而六合区2016年文化产业增加值仅为45.9亿元，占GDP的比重达到5.7%以上。再如，以文化旅游业为例，郊区旅游占全市旅游总收入的比重偏低，全市86%的AAAA级以上旅游景区，90%的四星级以上饭店，90%以上的旅行社集中在主城区。区域之间文化产业发展的不平衡性由此可见一斑。

（二）公共服务畅通存在一定的薄弱环节

近年来，虽然南京的公共文化服务体系建设、文化设施建设等走在全国前列，文化惠民"百千万工程"成功创建成为第二批国家公共文化服务体系示范项目，南京市成功创建为第二批省公共文化服务体系示范区；全市人均公共文化设施面积达到0.18平方米，超过江苏2020年达0.16平方米的指标，被命名为江苏省公共文化服务体系示范市；居民阅读综合率连续三年居全省第一，提前完成江苏2020年的现代化指标。但在"打通最后一公里""文化畅通"等方面，还存在一定的薄弱环节。一是基础设施不完善，数字化服务相对落后。目前，大多数地方政府充分意识到数字化文化服务平台建设的重要意义，加大了文化服务平台的建设力度。但在建设上一味强调将资源数字化，只是内容从"纸面"转入"硬盘"，利用率并没有提高。[①] 此外，由于缺乏专业性的数字化建设人才，监管维护工作无法落实到

---

① 苏锐：《数字化服务莫沦为噱头》，《中国文化报》2017年6月19日。

位，导致公共文化设施不能满足公众的需求，服务效能并不理想。二是数字化建设存在重设备、轻文化服务的误区。目前从市到区均在大力推行公共文化数字化建设，购置了大量的各类设备，但公共文化服务与市民的需求仍有相当的距离。例如当前的数字化公共文化服务评价与反馈均为单向性，很多数字化公共文化服务平台难以和广大群众展开互动与交流，发布的文化信息很难满足大部分文化接受者的偏好。许多农村书屋配备了电脑，但由于其相应的工作人员年龄结构偏大、文化程度偏低等，或经费等问题，居民无法正常享受公共文化数字化服务，电子设备成为摆设。如何结合本地特色和居民个性化的文化需求，对文化资源有甄别性地加以使用；如何从根本上避开重形式、轻内容的误区；如何更好地利用手机等终端电子设备进行数字化文化服务建设，是公共文化服务数字化未来要解决的关键问题之一。

（三）文化融合发展深度不够

虽然近年来南京的科技与文化融合发展，无论是在政策创新上还是人才、资本投入上，无论是在政策利好的紧抓机遇上还是在自身资源拥有上，举措良多，但发展结果并不令人满意。一是缺少跨界融合的龙头企业和商业模式创新。南京在"以文化与科技融合为基本特征的互联网＋"方面，远远落后于国内一线城市。目前南京算得上互联网企业的，只有苏宁易购、365房产网、途牛、金陵热线等屈指可数的几家，在全国有影响力的互联网企业，一家都没有。而且南京的"互联网＋"模式主要是O2O模式，即线上下单、线下成交。将来互联网发展典型的企业模式主要有C2C、C2C、B2C等，而南京采取这些模式的"互联网＋"企业几乎一家都没有。二是跨界融合的资源融合通道亟待进一步打通。如文化旅游产业，目前南京以"旅游＋"为标志的旅游产业与文化、体育、科技、农业等产业的融合尚处于初级阶段，层级分割、地域分割、行业分割现象依然存在，旅游业在产城融合、景城共生、主客共享等方面的综合作用有待进一步加强。三是文化与金融融合渠道相对单一。南京金融对文化的支撑度很高，但支持模式主要是贷款融资。2014年，贷款融资占比达85.82%，广播影视、印刷出版等传统领域的贷款占比为88.74%；信用贷款仅占8.7%。

四 生态环境质量尚未根本好转

"十二五"以来，南京不断加强生态环境治理，绿色南京建设向纵深发展，重要生态功能保护区的保护得到进一步加强。2013年，南京通过生态市国家技术评估。2013—2015三年间，南京先后出台了20份治理大气的文件；2012—2015年间，南京累计关停整治609家"三高两低"企业，全面开展四大片区工业布局调整和整治，完成梅钢周边35家和金陵石化周边20家企业的关停、搬迁和治理。累计关停火电机组78万千瓦，淘汰落后炼铁250万吨、炼钢360万吨、焦炭58万吨、水泥251万吨、印染5180万米、玻璃207万重量箱；关停、转产化工企业100余家，完成91家企业搬迁关停任务。① 加大了环境违法行为的处置力度，2016年全市查处各类环境违法行为1570件，处罚金额5532万元。

在组合拳的整治下，南京市生态建设取得了积极的进展，环境有了很大的改善。但南京是以石化、冶金、电力、建材等为主导的重化工业城市，高能耗、高污染、高排放等是长期以来一直困扰南京建设的短板，目前依然是制约南京城市建设的约束性指标。生态环境治理是一个长期的过程，生态环境问题依然严峻。例如经济增长方式粗放的状况和生态建设滞后于经济发展的局面没有根本改变，环境意识与环境行动脱节，治理协调体制机制不顺畅，投入相对不足，基础设施建设相对滞后，环境行政执法能力不强，环境信息透明度亟待加强，公众参与程度不高。南京市2014年度生态文明建设工程综合考核在全省排名第五，位列苏州、常州、南通、无锡之后，主要问题集中在空气质量、饮用水水源地保护、城市黑臭河道治理、危废处置能力等方面。

（一）偏重的产业结构对绿色转型的制约

二、三次产业增加值占地区生产总值比重，是反映城市生产结构高级化程度的一个重要指标。一般来说，该指标比重越大，说明城市生产

---

① 徐小怗、褚方樵、王莎、杨欣、张安琪：《让南京成为"蓝京"》，《南京日报》2015年11月26日。

结构高级化程度相对越高，进而城市产业结构竞争力相对越强。改革开放以来，尤其是 2000 年以来，随着市场化程度的不断提高，南京的经济增长方式不断向集约型方向转变，产业结构也日趋合理。但由于中华人民共和国成立以来南京的城市定位，在很长一段时间都是制造业相对发达的城市，2007 年以前南京的产业结构总体呈"二三一"的关系；直至 2007 年，南京三次产业 GDP 比重调整为 3.5∶48.1∶48.4；此后，一、二产业比重继续下降，2012 年调整为 2.6∶44∶53.4，基本形成了"三二一"的产业格局，是省内唯一产业结构实现"三二一"的城市；2016 年调整为 2.4∶39.2∶58.4。从中可以发现，虽然南京的服务业经济在不断加强，但与相关城市相比，三次产业结构偏低，二次产业结构偏高。例如 2016 年北京三次产业占比高达 80.3%，一、二、三产业机构的比例为 0.5∶19.2∶80.3；广州、西安的第三产业产值占比均超过了 60%，一、二、三产业机构的比例分别为 1.2∶30.2∶68.6 和 3.7∶35.1∶61.2。与之形成鲜明对比的是，南京二产的增加值总体偏低。据统计，2015 年南京二产增加值在 20 个大中城市[①]中位列第 15，二产增加值占 GDP 比重列第 16 位，省内苏州的二产增加值分别是南京的 1.8 倍。

在工业结构内部，南京呈现了轻重工业发展失衡、重工业化特征显著的特点。2012 年，南京对高新技术产业的投资额仅为工业投资的 32.7%，而六大高耗能行业占工业总投资的比例达 24%。2014 年，石化、建材、冶金、电力等高耗能行业产值占规模以上工业的比重为 35%，但耗煤量、耗水量、工业二氧化硫排放量、氮氧化物排放量和工业固体废物产生量占比高达 90% 以上。南京单位 GDP 二氧化硫、化学需氧量排放强度处于较高水平。2016 年，高新技术产业产值占规模以上工业总产值比重为 45.41%，钢铁、石化等高耗能行业产值占全市工业的比重下降到 26.9%；但综合能耗仍占工业综合能源消费总量的绝大部分，单位 GDP 二氧化硫、氮氧化物、化学需氧量和氨氮

_____

① 20 个大中城市选取了上海、北京、广州、深圳、天津、重庆、苏州、武汉、成都、杭州、南京、青岛、长沙、无锡、佛山、宁波、大连、郑州、沈阳、烟台。本书在所有的 20 个城市对比，参照的城市均为这 20 个城市。

等主要污染物排放强度处于较高水平。其中，废气排放量一直处于上升状态，如表2—5所示。偏重工业的产业结构对于南京绿色经济的转型，造成极大的障碍。

表2—5　　　　2000—2015年南京工业污染排放部分指标情况

指标	2000年	2005年	2010年	2011年	2012年	2013年	2014年	2015年
废气排放量（亿标立方米）	2155	3754	5738.23	6962.52	6827.51	7930.21	8172.39	8782.13
二氧化硫排放量（万吨）	13.23	14.91	11.55	12.56	12.17	11.24	10.39	10.15
烟尘排放量（万吨）	5.15	4.76	3.38	5.65	4.37	6.53	631.56	527.31
工业固体废物产生量（万吨）	652.24	1159.1	1656.5	1791.57	1648.47	1734.71	1795.65	1475.36

资料来源：《南京统计年鉴》（2016）。

与省内其他城市比较，南京"三废"排放量不容乐观，对生态环境的改善影响也较大。南京的化学需氧量排放量远高于无锡、苏州，在省内位列第六；氨氮排放量、一般工业固体废物产生量均位列全省第二，一般工业固体废物产生量（万吨）位列全省第三。而且，南京的一般工业固体废物综合利用率在全省处于较低水平，位列全省倒数第三。

表2—6　　　　2015年南京与省内其他城市"三废"排放情况比较

项目	化学需氧量排放量（吨）	氨氮排放量（吨）	烟（粉）尘排放量（吨）	一般工业固体废物产生量（万吨）	一般工业固体废物综合利用率（%）
南京	95624	15501	87936	1426.02	90.48
无锡	35860	3621	84977	903.90	94.39
徐州	128073	12897	65978	1448.73	99.17
常州	34616	5297	99384	747.31	89.39

项目	化学需氧量排放量（吨）	氨氮排放量（吨）	烟（粉）尘排放量（吨）	一般工业固体废物产生量（万吨）	一般工业固体废物综合利用率（%）
苏州	68057	13927	79504	2462.79	98.10
南通	98384	15384	35646	524.07	98.85
连云港	96465	10069	37540	617.44	93.40
淮安	68540	8873	22558	521.71	97.45
盐城	148717	18420	39200	560.52	95.55
扬州	53248	7159	17462	300.14	91.42
镇江	39992	4780	28533	541.77	88.88
泰州	89593	11226	17880	491.77	99.53
宿迁	97423	10549	37905	154.86	95.51

资料来源：《江苏统计年鉴》（2016）。

（二）资源能源约束加剧

重化工仍是当前南京经济发展的重要特征，高污染、高能耗的重化工产业在全市的经济结构中仍占有较大比重，但南京的资源并不能完全符合重化工业的发展需求。例如南京的人均占地面积在副省级城市中列倒数第五位，人均耕地占有量仅为全国平均水平的45%左右。南京本地区的年均水资源量扣除重复计算量后，仅有21.1亿立方米。且地表水资源量的年内和年际分布很不均匀，夏、秋季降雨产生的地表水资源量占全年地表水资源总量的70%，冬、春季仅占30%，丰水年（30.4亿立方米）与枯水年（5.4亿立方米）差距达25亿立方米。矿产资源供给乏力，如冶山铁矿和南京云台山硫铁矿可服务年限不超过五年，水泥企业的矿产资源相对丰裕，但大部分资源位于开山采石禁采区内，资源利用压力大。①

（三）环境质量相对较差

近年来，尽管南京在扎实推进生态文明建设方面取得了一定成绩，

---

① 《南京市"十三五"循环经济发展规划》，宁政办发〔2016〕166号。

先后获得国家园林城市、国家森林城市、全国卫生城市、中国优秀旅游城市、全国文明城市等称号，荣获"省节能工作突出贡献奖"。截至2015年，全市共整治关停246家化工生产企业，行业规模总量下降20%，石化产业集聚度提升到75.7%左右，长江以南、绕城公路以内全面实现"零化工生产企业"目标。但南京在生态环境方面依然比较脆弱，重化工业比重过高，尤其是原大厂区、南钢、南化、扬子乙烯、南京热电厂、华能南京电厂、南京化学工业园、德国巴斯夫等，重化工业企业高度密集，对空气质量影响很大。"大气十条""水十条""土十条"等环境质量约束更趋严格，对产业绿色发展、清洁发展、循环发展水平提出更高要求。2012年，南京市大气环境质量总体处于轻度污染状况，空气优良率为86.6%，在全国15个副省级城市和4个直辖市中列第15位。2014年，南京的空气质量优良天数比例仅为52.1%，全年PM2.5平均浓度为73.8微克/立方米；2015年，全市建成区环境空气质量达到二级标准的天数为235天，比2014青奥年增加45天，达标率为64.4%，PM2.5年均浓度为57微克/立方米，下降23.0%，降幅排名居全省首位。① 2016年，建成区环境空气质量达到二级标准的天数为242天，达标率为66.1%，比2015年同比增加1.7个百分点，PM2.5年均值为47.9克/立方米，超标0.37倍，同比下降16.0%。但与欧美等发达城市相比，仍超过新环境空气质量标准二级限值（35微克/立方米），远高于美国1997年颁布的0—15微克/立方米的年均值，以及世界卫生组织2005年认定的PM2.5年平均浓度安全值10微克/立方米。值得注意的是，在PM2.5浓度下降的同时，另一种大气污染物臭氧的浓度却呈现出上升的态势。2015年，南京因为臭氧污染的天数达到56天，几乎占全年污染天数的一半，对空气质量的危害和PM2.5相当。南京土壤环境堪忧，重金属含量过高，其中铅含量远超欧盟相关指标要求；快速膨胀的人口规模和高速增长的经济发展，对土地、水、能源、原材料等的需求量增大，对生态环境的要求提高。2016年，全市夜间噪声达标率为86.6%，同比上升2.7个百分点。

---

① 《南京空气达标天数超越"青奥年"　苏南酸雨比苏北多，无锡最严重》，《扬子晚报》2016年6月3日。

五　人口发展非均衡性现象突出

（一）人力资本供给不能满足经济发展需求

从人口增长率来看，南京人口增长率由"五普"的 20.71% 增至 28.31%，年均增长率由"五普"的 1.84% 增至 2.52%。常住人口的增长率和年均增长率仅次于苏州，均高于其他所选副省级城市，这说明南京的人口吸聚力和城市影响力在全国的优势是比较突出的。但通过与对标城市的比较来看，南京的常住人口数量，无论是"五普""六普"，人口总量都仅位列第七，人口的集聚效应并不突出。从外来人口所占比例看，南京居第四位，如表 2—7、表 2—8 所示。

表 2—7　　　　　"六普"和"五普"常住人口规模及

变动情况　　　　　单位：万人，%

城市	"六普"	"五普"	增长规模	增长率	年均增长率
成都	1404.76	1124.43	280.33	24.93	2.25
广州	1270.08	994.30	275.78	27.74	2.48
武汉	978.54	804.81	173.73	21.59	1.97
杭州	870.04	687.87	182.17	26.48	2.38
沈阳	810.62	720.37	90.25	12.53	1.19
南京	800.47	623.85	176.62	28.31	2.52
苏州	1045.99	679.22	366.77	54.00	4.41
无锡	637.44	508.66	128.78	25.32	2.28

表 2—8　　　　　　　　2016 年南京与相关城市人口构成

	成都	广州	武汉	杭州	沈阳	南京
常住人口（万人）	1591.8	1404.4	1076.6	918.8	829.2	827
户籍人口（万人）	1398.9	870.5	833.8	723.6	734.4	662.79
外来人口（万人）	192.9	533.9	242.8	195.2	94.8	164.21
外来人口占常住人口比（%）	12.12	38.02	22.55	21.25	11.43	19.86

研究还显示，南京产业结构变动与其所需的人力资源和人才结构不相匹配。一方面，对新生代从业者的吸引力不够强。腾讯对中国 300 座城市 16—35 岁用户群进行大数据分析得出的《全国城市年轻指数报告 2016》显示，南京的年轻指数为 75，在全国列第 26 位，省内列第二位，年轻人口净增率为 5.01%；苏州的年轻指数为 81，年轻人口净增率为 11.5%。另一方面，对高端人才的吸引力不够强。2015 年，第三产业增加值占比达 58.04%，但从近几年引进的高端人才专业看，主要集中在第二产业中的新兴产业，如新能源、新材料、生物医药、智能电网、智能轨道交通等。而与南京未来发展相契合的现代金融、文化传媒、现代物流、体育产业、现代娱乐业等现代化服务业高端人才依然缺乏。从第三产业从业人员内部结构看，传统服务业从业人员所占比重呈现增长趋势，2005—2012 年交通运输、仓储和邮政业从业人员比重由 1.16% 上升到 6.04%，而现代服务业从业人员所占比重呈现下降趋势，金融业、房地产业、科学研究和技术服务业、水利与环境和公共设施管理业、教育、卫生和社会工作、公共管理与社会保障和社会组织分别下降了 0.48、0.07、0.02、0.56、2.81、0.22、2.62 个百分点。从业人员所占比重不断下降的趋势与大力发展现代服务业指向不一致，也就是说南京产业结构变动与其所需要的人力资源和人才结构不相匹配。[①] 今后需要进一步夯实人力资源和优化人才结构来支撑产业结构的变动。

（二）人口资源分布与经济发展空间布局不协调

以最新 11 区的行政区划统计口径为标准，2015 年南京常住人口为 823.59 万人，规模百万以上的大区依次为鼓楼区（127.56 万）、江宁区（119.14 万）和秦淮区（102.24 万），六合区（93.44 万）人口则达到了 90 万人以上。而常住人口规模不足 50 万的依次为建邺（45.45 万）、高淳（42.47 万）、溧水（42.44 万）和雨花台（41.26 万），所占比重也位于 5% 左右。南京人口区域分布不均衡的现象较突出，在地图上呈现出"大肚细腿空心胃"的海马形象，如表 2—9 所示。

---

① 丰志勇、叶南客、周蜀秦：《人口结构变化与城市综合竞争力提升关系研究——以南京为例》，《南京邮电大学学报》（社会科学版）2014 年第 12 期。

表 2—9　　　　　　　　2015 年南京常住人口分布

分区县	常住人口（万人）	所占比重（％）	人口数排名
鼓楼	127.56	15.49	1
江宁	119.14	14.47	2
秦淮	102.24	12.41	3
六合	93.44	11.35	4
浦口	74.94	9.10	5
玄武	65.24	7.92	6
栖霞	67.98	8.25	7
建邺	45.45	5.52	8
高淳	42.47	5.16	9
溧水	42.44	5.15	10
雨花台	41.26	5.01	11

就人口密集度而言，2015 年，鼓楼区以 23560 人位列全市之首，紧随其后的是秦淮区、玄武区，高淳区、溧水区最低，如表 2—10 所示。数据显示，人口密集度高的区县主要是以高校云集的老城区。高淳、溧水等区由于以农村人口为主，第三产业相对较弱；且行政地域面积大，故人口密度相对较低。

表 2—10　　　　　　　　2015 年南京市各区县人口密度

	行政地域面积（平方公里）	常住人口（万人）	人口密度（人/平方公里）
鼓楼	54.18	127.65	23560
秦淮	49.11	102.24	20819
玄武	75.46	65.24	8646
建邺	81.75	45.45	5560
雨花台	132.39	41.26	3117
栖霞	395.38	67.98	1719
浦口	910.51	74.94	823

续表

	行政地域面积（平方公里）	常住人口（万人）	人口密度（人/平方公里）
江宁	1563.33	119.14	762
六合	1471.00	93.44	635
高淳	790.23	42.47	537
溧水	1063.68	42.44	399

　　人口是城市发展的基础，其数量、文化、就业、空间分布等与城市经济发展、社会事业进步和环境保护等存在密切关系，是影响南京"现代化国际性人文绿都"发展和城市竞争力的基础性问题。从各区县的情况来看，鼓楼和玄武区的整体文化层次较高，本科及以上的人所占的比重分别为34.08%和29.59%，六合区、高淳区和溧水区的人员相对文化程度比较低，主要以小学和初中人口为主，本科及以上人数均在5%以下。

表2—11　　　　　　南京市各区"六普"文化结构分析

分区县	6岁及以上人口（人）	不同文化程度人数所占比重（%）				
		小学	初中	高中	专科	本科及以上
玄武	629317	7.79	20.20	21.95	19.43	29.59
白下	579687	9.36	25.12	27.93	16.49	19.07
秦淮	390274	10.91	37.14	27.31	12.21	10.06
建邺	405920	12.38	32.77	24.74	13.64	13.93
鼓楼	796710	8.12	18.16	22.83	15.35	34.08
下关	429517	11.70	35.56	28.52	13.44	8.42
浦口	680251	17.71	33.17	20.50	8.33	16.71
栖霞	622820	12.41	28.57	23.60	14.07	18.97
雨花台	373494	15.09	32.47	21.38	11.87	15.15
江宁	1093699	21.31	32.11	17.90	11.52	13.32
六合	875082	26.30	38.91	18.68	7.16	3.25
溧水	400504	29.66	38.99	18.05	5.32	1.90
高淳	396603	34.28	38.38	14.72	3.92	1.63

（三）人口结构令产业结构调整出现"两难"

2010 年南京常住人口中，0—14 岁人口为 761408 人，占总人口
9.51%；15—64 岁人口为 6507221 人，占总人口 81.29%；65 岁及以上
人口为 736051 人，占总人口 9.2%。同"五普"数据相比，0—14 岁人
口的比重下降 5.94%，15—64 岁人口的比重上升 5.16%，65 岁及以上
人口比重上升 0.78%。2010 年，南京男性人口为 4143402 人，占总人
口 51.76%；女性人口为 3861278 人，占总人口 48.24%。总人口性别
比（以女性为 100）由 2000 年第五次全国人口普查的 110.21 下降为
2010 年"六普"的 107.31。整体来看，南京以男性青壮年人口为主，
但人口老龄化的趋势不容忽视。国际上通常把 60 岁以上人口占总人口
的比例达到 10%，或 65 岁以上人口占总人口的比例达到 7% 作为国家
或地区进入老龄化社会的标准。2000 年，南京 65 岁及以上的人口就占
到了总人口的 8.42%，2010 年占到了 9.20%，2015 年则超过了 10%，
达到了 10.69%，老龄化问题依然紧迫。同时，"少子化"也是南京人
口的显著特点。一方面，南京劳动人口增加与老年人口增加并存，理应
大力发展劳动密集型产业；另一方面，老年人口比重过高，理应大力发
展资本和技术密集型产业，以积极应对因少儿比重显著下降引起的劳动
力短缺和老龄化加剧的趋势。这种相互冲突的情况，使得南京产业结构
调整的重点方向面临取舍。①

表 2—12　　　　　　　　　　南京人口年龄变动情况

年龄	2000		2010		2015	
	人数（万）	比重	人数（万）	比重	人数（万）	比重
0—14 岁	95	15.43%	76	9.51%	84	10.21%
15—64 岁	466	76.08%	651	81.29%	651	79.10%
65 岁及以上	52	8.49%	74	9.20%	88	10.69%

（四）国际化人才培养与国际化城市建设不匹配

南京国际化城市建设已经具有雏形。据公安局出入境管理处的统

---

① 《南京人口老龄化少子化　专家建议放宽落户门槛》，《扬子晚报》2013 年 3 月 5 日。

计显示：2010 年临时来南京的外国人 29.2 万人次，常住的外国人
1.5 万人。2015 年，全市接待旅游总人数 10234 万人次，同比增长
8.0%，其中接待入境旅游者 58.81 万人次，较上年同比增长 3.9%。
国际化大都市建设一直是南京发展的目标。南京市第十三次党代会明
确提出要加快推进城市国际化，率先基本实现现代化。按照会议精
神，南京市又出台了《加快推进城市国际化行动纲要（2012—2015
年）》，并按照着力加强国际化创新功能、国际化商务功能、国际化文
化功能、国际化会展旅游功能、国际化人居功能，加快城市国际化进
程，提升城市国际化水平，扩大城市的国际影响力，加快建设区域性
国际化城市，打造世界软件名城、世界历史文化名城、世界科教名城
和世界体育名城的思想为指导，提出了，到 2015 年，以青奥会为契
机，重点加快经济、创新、商务、文化、会展旅游、人居功能国际化
进程，初步形成适应城市国际化发展要求的功能构架的发展目标。①
但南京国际人才培养相对滞后，缺乏具有国际视野、知晓国际规则并
能参与国际事务的国际化人才、国际化企业家；缺少国际创新与研发
载体，国际企业研发园、国际企业孵化器、留学人员创业园等一批国
际化研发创新载体，还有待进一步建设和发展。

第二节　城市发展面临的挑战

在城市的演进过程中，南京既有自身发展存在的不足，又面临着外
界带来的经济动力、生态环境等诸多挑战，影响着城市的可持续发展。

一　经济动力的挑战

在经济新常态下，经济呈现出了速度变化、结构优化、动力转换的
新特点，正在向形态更高级、分工更复杂、结构更合理的阶段演化。
《南京市"十三五"发展规划纲要》指出，南京创新发展的前进态势没
有变，综合经济实力和发展水平有了一个大提升，在多重国家战略叠加

---

① 《加快推进城市国际化行动纲要（2012—2015 年）》，宁委发〔2012〕55 号。

之下，发展动力正在加快转换，发展空间不断拓展优化，这既为南京新一轮发展提供了重要契机，也形成了倒逼压力。

（一）区域中心城市辐射带动功能不够强

上海、重庆、武汉、南京同为长江流域传统区域的中心城市，20世纪90年代上海浦东开发开放引领整个上海的发展，2014年浦东自贸区的建立又为上海在新常态下发展注入了活力。重庆直辖市的设立提升了城市在更高层面获得资源发展的能力，两江国家级新区的设立也为重庆扩展了更大的发展空间。新近批复的中部城市群发展规划给大武汉区域联动发展带来了机遇。反观南京，在国家长江经济带发展战略中，被定位为区域性物流中心，而重庆、武汉、上海均被赋予了航运中心的重要地位。重庆和上海为直辖市，南京不能与之相比。与同为省会城市和副省级城市的武汉相比，从区域中心城市辐射功能看，2004年武汉占湖北省GDP的比重为31.65%，几乎三分天下；2016年比重上升为36.88%，区域中心城市的地位进一步提升。2004年，南京占江苏省GDP的比重为11.71%，2016年比重上升为13.80%，上升了2.09个百分点。综合比较来看，南京区域中心的地位相对较弱，如表2—13所示。而且，南京经济发展空间载体内涵的提升也存在压力。以南京综合保税区为例，尽管南京成功申报了综合保税区，但与此同时，国家又批复了三个自由贸易区。从综保区到自由贸易区是一个质的飞跃，而目前南京综保区对区域发展的带动作用尚不明显。

表2—13　　　　武汉与南京区域中心城市的辐射带动力比较

年份	武汉	湖北	武汉占湖北省GDP的比重（%）	南京	江苏	南京占江苏省GDP的比重（%）
2004	2000	6320	31.65	1757	15003	11.71
2016	11913	32298	36.88	10503	76086	13.80

资料来源：各省市统计公报。

（二）盘活存量和发展增量双重任务的压力

在人口、环境、资源等硬约束力和城市摊大饼式空间布局规划后遗症的双重影响下，为促进城市可持续发展，上海、北京等一线城市提出

了在"十三五"期间均要限制增量、优化存量的发展模式路径。① 当前
南京城市空间形态正处于大发展期，正着力打造占全市三分之一国土面
积的江北地区。江北有可能成为南京未来经济发展的新增长极。同时，
南京江南地区还面对城市转型发展、功能布局优化、产业结构调整、空
间形态置换等问题。如何实现增量增长、存量优化，是作为 1.5 线城市
的南京在未来面临的双重挑战。

　　"十二五"初期，南京 GDP 总量分别比杭州、青岛、大连低 873 亿
元、470 亿元、4 亿元；"十二五"期末，南京经济总量已超青岛 129 亿
元、大连 1165 亿元，与杭州之间的差距由 2011 年的 873 亿元缩小到
2014 年的 380 亿元。虽然南京与排名前一位的杭州之间的差距不断缩
小，与比南京排名后一、二位的青岛和大连之间的差距不断拉大。但与
排名第三、第四名的武汉、成都之间的差距拉开得更大。2014 年，南
京分别比广州、深圳、成都、武汉、杭州低 7886 亿元、7181 亿元、
1236 亿元、1248 亿元、380 亿元；2016 年，差距进一步拉大，南京分
别比广州、深圳、成都、武汉、杭州低 9108 亿元、8990 亿元、1667 亿
元、1410 亿元、548 亿元，如表 2—14 所示。因此，未来一段时间，南
京经济发展仍将面临同类城市较大的挑战。

表 2—14　　　　　15 个副省级城市经济增长规模与速度比较

(2011—2016)　　　　　　　　　　　　单位：亿元

年份 城市	GDP 增加值（亿元）						比上年增幅（%）	
	2011	2012	2013	2014	2015	2016	2015	2016
广州	12303	13551	15420	16707	18100	19611	8.4	8.3
深圳	11502	12950	14500	16002	17503	19493	9.4	11.4
成都	6855	8139	9109	10057	10801	12170	7.4	12.4
武汉	6756	8004	9051	10070	10906	11913	8.3	9.2
杭州	7012	7804	8344	9201	10054	11051	9.3	9.9

---

　　① 叶南客：《特大城市"十三五"发展的新思维与目标愿景——以南京建设现代化国际
性人文绿都为例》，《中国名城》2017 年第 2 期。

年份 城市	GDP 增加值（亿元）						比上年增幅（%）	
	2011	2012	2013	2014	2015	2016	2015	2016
南京	6146	7202	8012	8821	9721	10503	9.3	8.0
青岛	6616	7302	8007	8692	9300	10011	8.1	7.9
大连	6150	7003	7651	7656	7732	8150	4.2	6.5
宁波	6010	6525	7129	7603	8012	8541	8.0	7.1
沈阳	5916	6607	7159	7099	7181	5460	3.5	−5.8
济南	4406	4813	5230	5771	6100	6536	8.1	7.8
哈尔滨	4243	4550	5011	5333	5751	6102	7.1	7.3
长春	4003	4457	5003	5342	5530	5929	6.5	7.8
西安	3864	4369	4884	5475	5810	6257	8.2	8.5
厦门	2536	2817	3018	3274	3466	3784	7.2	7.9

资料来源：各城市历年统计公报，经计算整理。

（三）服务经济提升速度受同类城市挤压

虽然近年来南京的服务经济发展相对较快，2011 年第三产业占比超过 50%，位居副省级城市第四位，省内第一位。2014 年，副省级城市中第三产业比重超过 60% 的仅有广州，为 65%；深圳、济南、南京、西安、杭州等城市的第三产业比重均超过 55%，分别是 57.3%、56.4%、55.8%、55.8%、55.1%；南京位列副省级城市第四位，厦门、青岛、成都的第三产业比重刚好超过 50%，其他城市均低于 50%。2016 年，南京市的第三产业增加值占比已达 58.4%，但在副省级城市的排名则下降为第六，排在南京之前的城市分别是广州（68.6%）、深圳（60.5%）、济南（58.9%）、西安（61.2%）和杭州（61.2%）。从第三产业比重的数值看，南京以 55.8% 的比重位居副省级城市第四位，居江苏省内城市第一位。但从 2011—2016 年第三产业比重的增长幅度看，南京的比重提升速度相对为慢，仅提高了 6 个百分点，而同期广州、深圳、西安、哈尔滨、杭州、厦门、青岛、大连、宁波等城市的提升速度分别为 7.1%、7%、9.6%、6.9%、12%、10.6%、6.9%、

10.1%、6.6%；南京2011—2016年第三产业比重的增长幅度也低于省内的无锡（7.3%）和苏州（8.7%），如表2—15所示。因此，南京的未来发展在发展服务经济方面还有很长的路要走。

表2—15　　　　相关城市第一、二、三次产业结构比较　　　　单位：%

类别	时间	第一产业产值比重	第二产业产值比重	第三产业产值比重
广州	2011	1.7	36.8	61.5
	2012	1.6	34.8	63.6
	2013	1.5	33.9	64.6
	2014	1.4	33.6	65.0
	2015	1.3	32.0	66.8
	2016	1.2	30.2	68.6
深圳	2011	0.0	46.5	53.5
	2012	0.0	44.3	55.7
	2013	0.0	43.4	56.6
	2014	0.0	42.7	57.3
	2015	0.0	41.2	58.8
	2016	0.0	39.5	60.5
济南	2011	5.4	41.5	53.1
	2012	5.3	40.3	54.5
	2013	5.4	39.3	55.3
	2014	5.2	38.4	56.4
	2015	5.0	37.8	57.2
	2016	4.9	36.2	58.9
南京	2011	2.7	44.9	52.4
	2012	2.6	44.0	53.4
	2013	2.3	43.3	54.4
	2014	2.5	41.7	55.8
	2015	2.4	40.3	57.3
	2016	2.4	39.2	58.4

续表

类别	时间	第一产业产值比重	第二产业产值比重	第三产业产值比重
西安	2011	4.5	43.9	51.6
	2012	4.5	43.3	52.2
	2013	4.5	43.3	52.1
	2014	3.9	40.3	55.8
	2015	3.8	37.3	58.9
	2016	3.7	35.1	61.2
哈尔滨	2011	10.5	38.8	50.7
	2012	11.1	36.0	52.9
	2013	11.7	34.8	53.4
	2014	12.0	33.5	54.5
	2015	11.7	32.4	55.9
	2016	11.3	31.1	57.6
杭州	2011	3.3	47.4	49.2
	2012	3.3	46.5	50.2
	2013	3.1	42.6	54.3
	2014	3.0	41.9	55.1
	2015	2.9	38.9	58.2
	2016	2.8	36.0	61.2
厦门	2011	1.0	51.4	47.6
	2012	0.9	48.8	50.3
	2013	0.9	47.5	51.6
	2014	0.7	45.8	53.5
	2015	0.7	43.5	55.8
	2016	0.6	41.2	58.2
青岛	2011	4.6	47.6	47.8
	2012	4.4	46.6	49.0
	2013	4.4	45.5	50.1
	2014	4.2	44.6	51.1
	2015	3.9	43.3	52.8
	2016	3.7	41.6	54.7

续表

类别	时间	第一产业产值比重	第二产业产值比重	第三产业产值比重
成都	2011	4.8	45.8	49.4
	2012	4.3	46.6	49.1
	2013	3.9	45.9	50.2
	2014	3.7	45.3	51.0
	2015	3.5	43.7	52.8
	2016	3.9	43.0	53.1
武汉	2011	2.9	48.2	48.9
	2012	3.8	48.3	47.9
	2013	3.7	48.6	47.7
	2014	3.5	47.5	49.0
	2015	3.3	45.7	51.0
	2016	3.3	43.9	52.8
无锡	2011	1.8	54.2	44.0
	2012	1.8	53.0	45.2
	2013	1.8	52.2	46.0
	2014	1.9	51.0	47.1
	2015	1.6	49.3	49.1
	2016	1.5	47.2	51.3
苏州	2011	1.7	3.8	42.5
	2012	1.6	54.1	44.3
	2013	1.6	52.6	45.8
	2014	1.7	51.1	47.2
	2015	1.5	48.6	49.9
	2016	—	—	51.4
大连	2011	6.4	52.1	41.5
	2012	6.4	51.9	41.7
	2013	6.2	50.9	42.9
	2014	5.8	48.3	45.9
	2015	5.9	46.3	47.8
	2016	—	—	51.6

续表

类别	时间	第一产业产值比重	第二产业产值比重	第三产业产值比重
宁波	2011	4.2	55.5	40.2
	2012	4.1	53.9	42.0
	2013	3.9	52.5	43.6
	2014	3.6	51.8	44.6
	2015	3.6	49.0	47.4
	2016	3.6	49.6	46.8
沈阳	2011	4.7	51.2	44.1
	2012	4.8	51.2	44.0
	2013	4.7	51.8	43.5
	2014	4.6	49.9	45.5
	2015	4.7	48.1	47.2
	2016	4.9	39.1	56.0
长春	2011	7.2	52.3	40.5
	2012	7.1	51.4	41.5
	2013	6.7	53.1	40.3
	2014	6.2	52.7	41.1
	2015	6.2	50.1	43.7
	2016	5.4	49.4	45.2

资料来源：各城市历年统计公报整理而来。

（四）产业品质化发展有待提升

南京是我国传统工业发展基础较好和工业发展体系最为完善的城市之一。在我国工业各个传统行业领域，几乎都有南京制造的产品，但南京能在全国叫响的知名产品或产业却越来越少。尤其在我国新常态和经济转型升级的大背景下，杭州已把信息产业发展得风生水起，深圳已成功实现主导产业替换，形成了新四大主导产业，即金融业、物流业、文化产业、高新技术产业。2015 年，深圳金融业增加值为 2542.82 亿元，比上年增长 15.9%；物流业增加值为 1782.70 亿元，增长 9.4%；文化产业增加值为 1021.16 亿元，增长 7.4%；高新技术产业增加值为 5847.91 亿元，增长 13.0%。而南京尚未形成新的主导产业体系。从高新产业发展状况看，2015 年苏州实现高新技术产业产值 14030 亿元，占规模以上工业总产值的比重达 45.9%。南京规模以上工业企业完成高新技术产业产值占全市工业的比重为 45.3%。单纯从比重看，南京与苏州的差距不大，但就绝对值而言，两者之间的差距则非常大。2015年，苏州高新技术产业产值已达 14030 亿元，而南京市规模以上工业企业实现的工业总产值仅为 13065.8 亿元。因此，南京今后应以提升产业发展品质为主。

二　环境生态的挑战

与国内城市比较，南京生态环境质量有待进一步改善。根据中科院2016 年发布的《中国宜居城市研究报告》，南京环境健康性和自然环境宜人性两项指标得分相对较低，这是南京没有进入全国十大宜居城市的直接原因，如表 2—16 所示。

表 2—16　　　　　　　全国十大宜居城市排名情况

评价类型	评价对象	排名最高的十大城市
综合评价	城市宜居指数	青岛、昆明、三亚、大连、威海、苏州、珠海、厦门、深圳、重庆
	幸福感	厦门、威海、宁波、济南、苏州、福州、青岛、长沙、南昌、三亚
分要素评价	城市安全性	深圳、北京、成都、南京、上海、贵阳、青岛、济南、厦门、苏州
	公共服务地方便利性	上海、广州、深圳、南京、青岛、北京、成都、济南、昆明、沈阳
	自然环境宜人性	深圳、上海、苏州、青岛、北京、成都、杭州、福州、威海、厦门
	社会人文环境舒适性	深圳、上海、广州、成都、威海、济南、北京、南京、武汉、苏州
	交通便捷性	厦门、苏州、济南、海口、银川、威海、石家庄、昆明、南京，长春
	环境健康性	厦门、西宁、银川、青岛、威海、长春、南宁、乌鲁木齐、昆明、深圳

南京偏重的产业结构是一种高能耗的发展模式，对南京这样一个资源约束型的城市而言，造成了极大的资源供需矛盾。从供需角度讲，一方面，南京市土地面积为 6582 平方公里，在 15 个副省级城市中列第 13 位，在 13 个省辖市中列第九位，这对"随着国际资本和制造业加快向长三角地区转移，国家综合交通枢纽功能提升，人口进入新一轮膨胀期并突破一千万"的南京而言，形成了极大的土地供需矛盾。另一方面，南京并不是一个资源丰厚的地区，但工业产业主导发展方向确是高能耗、高污染的重工业，这不但不符合低碳经济、低碳城市的发展要求，更是对南京的环境质量、节能减排等造成了一定的压力。

三　文化发展的挑战

南京的文化发展正面临着先发优势逐渐丧失的挑战。如前所述，南京的文化资源就数量而言，在全国位于前列，但其先发优势正在逐步丧失。如截至 2013 年国家第七批文物保护单位公布为止，南京的国家级文物保护单位为 49 个，而同期苏州则为 59 个，由省内第一下降为第二。再如，《苏南现代化建设示范区规划》对五市文化资源的定位分别是：无锡为"旅游胜地"，苏州为"国际文化旅游胜地"，镇江为"旅游文化名城"，这就意味着以历史文化资源为自豪的南京正面临着苏南其他多个城市的挑战。[①]

从全国范围来看，南京市文化产业规模尚显不足，受到了来自广州、深圳等文化产业发达城市的压力，主要表现为文化消费总量有待提升、文化产品供给不足、文化产品消费不均衡等。文化品牌的承载度较低，陷入"只闻其名，不见其兴"的窘境，文化品牌的体系化建设及营销推广尚有欠缺，文化资源及产品的品牌知名度不强。据统计，2015 年全市文化产业增加值预计达到 590 亿元，占 GDP 比重超过 6%；同时期深圳文化创意产业增加值达 1757 亿元，占全市 GDP 比重达 10%。就文化产业专项资金投入而言，深圳文化创意产业发展专项资金每年达 5

---

① 叶南客、李惠芬、谭志云：《新台阶视阈下的南京城市文化建设新论》，《江南论坛》2015 年第 4 期。

亿元，南京仅为 5000 万元。2016 年中国城市创意显示，南京排名第八，低于同为副省级城市的深圳（第三）、广州（第四）、杭州（第五），也低于省内的苏州（第六）。南京的文化产业发展不但受到来自省外城市的压力，还受到了来自省内城市的巨大冲击力。以南京市规模以上文化制造业企业为例，据统计，2014 年南京规模以上文化制造业企业仅有 128 个，而同时期无锡有 305 个，常州有 333 个，苏州有 480 个，南通有 346 个；规模以上企业从业人员，南京仅为 32495 人，而无锡、常州、苏州和南通分别为 89360 人、106184 人、210497 人和 75645 人，如表 2—17 所示。

表 2—17　　南京市与省内城市规模以上文化制造业企业发展情况对比

地区	企业单位数（个）	年末从业人员（人）	资产总计	营业收入	营业利润
全省	2698	732957	48688008	71021048	4546423
南京市	128	32495	2555294	8075334	636427
无锡市	305	89360	6227832	8847877	419007
徐州市	71	14379	526930	1459895	137990
常州市	333	106184	5569030	7261727	541601
苏州市	480	210497	17332658	18934059	954935
南通市	346	75645	4046962	6388770	466661
连云港市	138	18073	750125	2080380	137493
淮安市	123	32665	1434024	3372317	228774
盐城市	161	37699	2167692	3482577	214424
扬州市	148	36588	1418396	3208377	215775
镇江市	175	37936	4523573	3953471	252156
泰州市	83	12801	696229	1843066	145634
宿迁市	207	28635	1439263	2113199	195547

资料来源：《江苏统计年鉴》（2016）。

四　民生发展的挑战

新常态下，虽然经济增长可能减速，财政收入可能减少，但民生建设不能放缓，这就要求南京市各级政府要下大力气克服民生发展中的难题，以"新状态"和"新作为"来推进民生和社会事业持续稳定发展。2015年，南京全年全体居民人均可支配收入40455元，比上年增长8.5%。按常住地分，城镇居民人均可支配收入46104元，增长8.3%；农村居民人均可支配收入19483元，增长10.3%。虽然南京城镇居民和农村居民人均可支配收入的增速相对较快，但实际收入水平与苏州、杭州、广州、无锡等城市有一定差距。2015年南京的城镇居民人均可支配收入分别比苏州、杭州、广州低4296元、2212元、630元，农村居民人均可支配收入分别比苏州、杭州、无锡低6217元、6236元、4672元。可见，农村居民人均可支配收入是南京市居民增收的短板，如表2—18所示。

表2—18　　　　2015年南京与国内其他城市居民收入情况比较

分类	城镇居民人均可支配收入（元）	增速（%）	农村居民人均可支配收入（元）	增速（%）
苏州	50400	8.0	25700	9.4
杭州	48316	8.3	25719	9.2
广州	46734	8.8	19323	9.4
无锡	45129	8.1	24155	8.5
南京	46104	8.3	19483	10.3

第三节　城市发展呈现的特征

南京即将进入"强化创新驱动，深度转型升级"的关键阶段，继续担当江苏改革开放的排头兵和科学发展的先行者，大变局、大调整、大转型是这一时期的基本特征。

一　重点领域与关键环节率先突破

未来一段时间，依托"一带一路""互联网＋"行动计划、"中国制造2025"、长江经济带、长三角区域发展一体化等国家重大发展规划的实施，南京迎来了全新的时代机遇。国家级江北新区、苏南现代化建设示范区、苏南国家自主创新示范区、建设"强富美高"新南京等一系列改革试点和平台，为南京的发展开辟了更大的发展空间。

（一）对接多重国家发展战略

南京全面推进与对接"一带一路"节点城市、长江经济带门户城市、长三角区域中心城市和国家创新型城市建设，大力发展创新型经济、服务型经济、枢纽型经济、开放型经济和生态型经济，将进一步发挥南京丰富的科教人才优势，深化产业融合互动发展方式，提升城市发展能级，扩大对内对外开放合作水平，推进生态与经济融合发展，为推动产业结构调整和发展方式转变提供强大动力，为将南京打造成"国际性现代化人文绿都"提供支撑。

对接国家绿色发展战略，发展循环经济。党的十八大以来，生态文明建设纳入了"五位一体"总布局。党的十八届三中、四中、五中全会都明确提出，加快建立系统完整的生态文明制度体系，并出台了加快推进生态文明建设的意见。在中央和省委的领导下，南京长期注重绿色发展，并将绿色作为城市发展一贯坚持的定位，出台了加快发展循环经济的意见等文件，以发展创新型、服务型、枢纽型、开放型、生态型经济为主攻方向，提出了创新驱动、人才强市、协调发展、绿色引领、全面开放、民生共享等六大战略。此外，社会公众资源节约意识、环境保护意识日益增强，环境就是竞争力、生产力的理念得到了进一步强化。国家战略和全社会的发展密切结合，为城市发展带来了新机遇。

对接"一带一路"倡议，推进"一区一带三枢纽"建设。"一带"指东南科技创新示范带，是长江以南市域东南方向，以绕城和绕越公路为主轴，贯穿栖霞、江宁、雨花台三区；"三枢纽"指以禄口国际机场为核心的空港枢纽、以龙潭港为核心的港口枢纽、以南京南站为核心的高铁枢纽。[①]"一区一带三枢纽"建设，可以优化城市空间，促进城市转型发展，提升城市辐射带动作用。

对接"长江经济带"发展战略，打造长江经济带重要增长极。南

---

① 吕宁丰、傅可：《南京对接国家发展战略　推进"一区一带三枢纽"建设》，《南京日报》2015 年 3 月 31 日。

京充分发挥发展航运物流的独特优势和条件，进一步拓展航运物流服务功能和辐射能力；着眼区域互联互通，进一步完善航空、水路、铁路、公路、管道"五位一体"交通运输体系；以融合发展、一体发展为方向，加大与上海、武汉、杭州、合肥等城市的分工与合作，增强南京在长江经济带中的集聚力、辐射力和带动力。[①]

对接"制造中国"发展战略，打造中国智能制造名城。《中国制造2025》对建设制造强国做出了全面部署，南京紧抓智能制造发展重大机遇，提出了"166计划"。"1"指的是瞄准"将南京打造成为创新能力强、产业水平高、企业效益好、制造模式新的中国智能制造名城"的目标；第一个"6"指的是六项任务，即着力建设智能制造产业创新高地、大力发展高端智能制造装备、积极培育高端智能产品、高标准建设智能制造企业、高起点推进智能制造园区建设和搭建高水平智能制造国际、国内合作交流平台；第二个"6"指的是六项工程，即智能制造产业培育工程、智能工厂培育工程、企业智能装备升级工程、金融环境优化工程、智能制造创新工程和实施智能制造企业服务工程。

（二）抢抓多个示范区的新机遇

抢抓苏南国家自主创新示范区发展的新机遇。自1991年南京高新区被国务院批准为江苏首个国家级高新区以来，经过20多年的建设和发展，苏南已成为国家高新区最密集的地区，是我国发展高新技术产业和战略性新兴产业最重要的基地。2014年10月，南京、苏州、无锡、常州、昆山、江阴、武进、镇江等八个国家高新区和苏州工业园区获批为国家自主创新示范区，这是全国首个以城市群为基本单元的自主创新示范区，为南京在战略性产业等重点领域提供了新的发展机遇。《苏南国家自主创新示范区发展规划纲要（2015—2020）》明确提出，要将苏南地区建成服务于现代化建设总要求，力争建成具有国际竞争力的创新型经济发展高地。就南京而言，要形成以紫金科技人才创业特别社区为核心、以高新区和东南科技创新带为两翼的"一核两翼"创新格局，深化科技体制改革，将南京建设成为我国重要的科技创新中心、国际软件名城和中国人才与创业创新名城。为此，南京应加快国家和科技融合

---

① 裴力：《打造长江经济带重要增长极》，《中国改革报》2015年第3期。

示范基地、江苏国家数字出版基地等，加强南京通信与网络、苏州纳米技术等国家科教结合产业创新基地和省产学研产业协同创新基地建设；形成优化区域创新载体布局，探索形成功能梯度布局、产业错位发展、功能互补、城市功能全面提升的发展格局等。

抢抓江北新区发展新机遇。"十一五"期间，南京提出了跨江发展战略，"十二五"南京又提出把江北新区上升为国家级新区的战略构想。经过10年的努力，制约江南与江北互动发展的跨江通道瓶颈初步得到解决，江北地区已经具备大规划、大开发的现实条件。2015年7月2日，国务院批复南京江北新区升级为国家级新区，江北新区成为第13个国家级新区，也是长三角继上海浦东新区、浙江舟山群岛新区后第三个国家级新区。从国家新一届领导区域发展规划布局看，批复国家级新区已成为撬动副省级城市（广州、西安、成都、青岛、大连先后批复了国家级新区）大跨越发展的重要战略。同时，在国家"十三五"区域发展新格局中，随着长江经济带国家战略的实施，江北新区的重要地位日益凸显，它将成为南京新一轮经济大发展的重要战略机遇。

抢抓南京综合保税区发展新机遇。2012年9月，南京综合保税区获国务院批准，其重点发展服务贸易、货物贸易和高端制造三大产业，重点打造"融资租赁产业发展平台、以保税展示交易和跨境电子商务为核心的贸易新业态发展平台、大数据产业基地、文化艺术品贸易基地和先进制造业基地"等五大产业平台，打造成现代服务业发展高地。南京应大力抢抓综保区建设机遇，推动转型升级、开放发展。

此外，2013年南京入选了下一代互联网示范城市、2016年入选了首批国家文化消费试点城市、2017年入选首批"城市设计试点城市""生态修复　城市修复"双修试点城市等。这些试点城市的入选，既是得益于南京优势的资源禀赋，也给南京城市的发展带来了新的发展契机，为南京的融合发展、实现自我提档升级准备了条件。

（三）提升南京都市圈一体化协同发展能级

从世界发展趋势看，合作共赢是大势所趋。城市群已成为中国区域发展的主要空间形态，《国家新型城镇化规划》明确提出了以城市群为主体优化城镇化空间布局和形态的发展战略。随着《长江中游城市群发展规划》的出台，以及即将颁布的《京津冀都市圈区域规划》，"十三五"国家以城市群、都市圈空间形态的区域规划布局正式启动。南京都市圈是我国为数不多的一个跨省城市群，地跨苏皖两省，其已经不是行政区划意义上的城市概念，而是一个被发达的交通网络紧密联系起来的城市群落。目前，南京都市圈正在谋划宁滁城际、宁马城际、宁和城际规划，届时将形成跨出江苏，连接安徽，由多条城际线路构成的放射状网络快速同城化交通大格局。在国家顶层规划布局的设计和南京都市圈立地的务实合作下，南京都市圈将迎来新的发展机遇，也将成为我国跨省协同一体化发展的典范都市圈。

二　提质增效与融合发展渐成主流

进入新常态后，无论是在发展速度还是在发展动力上，抑或是在发展趋势上，提质增效与融合发展渐成南京城市发展的主流。

（一）步入中高速增长的"新常态"

随着经济社会的发展，南京将步入中高速增长的"新常态"。认识新常态，适应新常态，引领新常态，是当前和今后一个时期我国经济发展的大逻辑。在新常态下，国家陆续出台的一系列重大政策与文件，明确要求各地培育高端智能、新兴繁荣的产业发展新生态。在"全生产要素、全生命周期、全产业链、全价值链、全所有制"发展理念的引导下，南京的经济发展将更注重结构和效益指标，经济形态将继续向高端化、集约化、服务化方向转变。在推动经济发展中，消费继续发挥基础作用，投资继续发挥关键作用，出口继续发挥支撑作用，创新则是驱动发展的新引擎。从这些新常态经济发展的特征看，未来南京的经济发展更加注重科技进步和全面创新，形成创新驱动发展的新常态；更加注重产业结构优化，形成绿色发展的新常态；更加注重提升城市建设的功能内涵，形成城市建设的新常态；更加注重强化民生幸福优先理念，形成民生保障的新常态等。

（二）服务经济能力将逐步提升

服务经济能力将逐步提升，高端服务业和生产性服务业的地位将进一步提高。人口产业结构的升级是城市经济发展水平的综合反映。数据显示，当前南京第三产业的从业人员增加非常明显。2000年以来，第一产业的从业人员一直在持续减少，下降了将近 21 个百分点。第二产业所占比重基本保持在 35% — 40%。第三产业从业人员的增加比较明显，从 2000 年的 104.3 万人次增加到 2012 年的 258 万人次，翻了一番还多。2015 年，第三产业从业人员增加至 289.2 万人，占全部从业人员的 58.89%，如表 2—19 所示。

表 2—19　　　　　南京不同年份三次产业从业人数和占

全部从业比重变化　　　　　单位：万人，%

年份	第一产业		第二产业		第三产业	
	就业人数	占全市从业人员比重	就业人数	占全市从业人员比重	就业人数	占全市从业人员比重
2000	69.81	26.17	92.66	34.73	104.3	39.10
2005	42.62	13.46	131.56	41.54	142.51	45.00
2010	51.3	11.21	174.79	38.18	231.66	50.61
2012	44	9.21	176	36.82	258	53.97
2015	46.7	5.52	174.8	35.62	289.2	58.89

（三）开放型经济体系构建将更完善

中国开放型经济正在从以引进来为主，转向引进来、走出去并重；从被动参与国际分工，到主动调整贸易布局、投资布局、生产布局；从经济全球化的积极参与者，转向全球经济治理重要的引领者、规则制定者。"走出去"需要企业自主创新，企业有自己的拳头产业。南京是我国科教名城，自主创新能力较强，开放型经济发展新格局给予了南京自主创新企业"走出去"的机会。同时，南京服务外包产业已主动嵌入国际分工产业链，在新开放经济体系构建中，主动融入国家全方位开放的新格局，将给具有科技、文化、生态资源要素组合优势的南京，带来新的发展机遇。

三　创新能级与创新生态有效改善

创新动力的释放，是促进城市发展的重要因素。李克强总理在 2016 年《政府工作报告》中指出，实现新旧动能转换，推动发展转向，更多地依靠人力人才资源和科技创新，既是一个伴随阵痛的调整过程，又是一个充满希望的升级过程。近年来，南京充分利用科教资源禀赋和深化改革的发展机遇，全市创新动力强力释放。

（一）创新能级出现跃升

创新在社会发展中的作用不断凸显。"十二五"时期，南京作为国家唯一科技创新综改试点城市的政策红利逐步得到释放和显现，科技创新地位和作用进一步凸显。科技创新与经济发展的互动模式进一步优化，创业创新在南京渐成气候。伴随全球创新网络的逐步形成，以及创新资源的系统性东移，南京积极发挥开放优势，抢抓机遇，吸引全球研发资源，努力打造全球科技创新资源配置的节点或环节。投资与创新共同驱动的发展模式已逐渐形成，一批创新能力强、科技含量高的软件和服务外包等科技服务业快速成长，一批掌握核心技术、拥有自主品牌的高新技术产业和高端制造业发展迅速，南京的高端制造与发达经济体之间的差距正在逐步缩小。南京市第三次全国经济普查数据显示，2013年年末全市第二、第三产业企业法人单位数中，有战略性新兴产业活动的企业法人单位0.46万个，占第二产业和第三产业企业法人单位数的5.4%；从业人员73.60万人，占第二产业和第三产业企业法人单位从业人员的21.2%。其中，节能环保产业0.18万个，占第二产业和第三产业企业法人单位数的2.1%；从业人员32.50万人，占第二产业和第三产业从业人员数的9.4%。新材料产业企业0.10万个，占第二产业和第三产业企业法人单位数的1.2%；新材料产业从业人员14.20万人，占第二产业和第三产业的4.1%。① 2013年，六类九大战略性新兴产业占工业经济的比重首度超过了石化、钢铁、建材三大传统产业，促使产业结构出现了节点性变化。"十二五"以来，全市战略性新兴产业年均增速超过15%；有五个规模超500亿元的新兴产业，新型显示产业规模位居全国第二，轨道交通产业综合排名国内第一；电子信息产业产值在全国15个副省级城市中位居第三；软件和信息服务业产业规模占全国的7.2%，占江苏省的43.8%，在全国城市排名位居第四。

---

① 南京市第三次全国经济普查领导小组办公室、南京市统计局、国家统计局南京调查队：《南京市第三次全国经济普查主要数据公报》，《南京日报》2015年3月12日。

（二）创新生态进一步优化

南京深入实施创新驱动发展战略，创新治理体系深度调整，创新生态环境不断优化，极大地促进了社会经济的发展。"十二五"期间，南京新认定市级以上企业技术中心 446 家，建成 60 多家创新中心，研发投入占 GDP 的比重、万人发明专利拥有量、国家"千人计划"人才数、国家级科技平台数、国家科技成果奖获奖数等指标，连续多年位居全省第一。截至 2015 年年底，拥有科技公共服务平台 123 家，重点实验室 89 家，科技企业孵化器 158 家，科技服务机构 288 家，科技服务业的产业规模达 1849 亿元。2016 年，南京市全社会研发经费支出占 GDP 的比重达 3.03%，科技进步对经济增长的贡献率超过 62%。2015 年，南京市与 20 家在宁高等院所签署深度合作协议，2016 年共建设校企联盟 1274 个，18 所主要在宁高校就地转化应用技术成果 1864 项。①

四 社会治理和服务体系深度调整

南京探索多元共治体系建设，在强化社区自治组织管理、创新社区治理模式方面，形成较为全面有效的制度安排，初步形成多层次、多元化的公共服务体系。

（一）深入实施街道社区治理体制改革

南京深入实施街道社区治理体制改革，转变街道和社区职能，推动管理创新与基层自治。强化街道公共服务和社会服务职能，2011 年在全国率先取消了街（镇）GDP 考核，2014 年颁布了《深化街道和社区体制改革实施方案》（宁委发〔2014〕60 号），明确将全面取消街道 GDP 考核和四个主城区与其他建成区所在街道招商引资任务考核，建立为民服务绩效考核新体系。

（二）"三社"联动机制初步形成

南京积极培育发展公益慈善、社区服务类社会组织，健全政府向社会组织购买公共服务机制。积极实践和探索以社区为依托、以社会组织为载体、以社会工作人才队伍建设为重点的"三社"联动机制，充分发挥社区的基础平台作用、社会组织的协同参与作用、社会工作人才队

---

① 《把人才优势转化为发展优势》，《科技日报》2017 年 3 月 9 日。

伍的专业服务作用，改变了长期以来被人们所诟病的社区行政治理为主的状况，进而达到整合社会资源、加强群众工作、提升社区管理和服务的内涵品质，拓展社会组织发展路径和服务社会功能。截至 2017 年 5 月，全市公益创投资金投入累计 1.2 亿元，其中市财政安排 3800 多万元，带动区县配套、社会资金 8300 多万元；资助社区社会组织 2000 多家。① 建立社会组织信用档案和评估记录，全面引入社工督导制度，这为公共购买服务提供了一定的制度保障。截至 2017 年 5 月，全市已设立 10 个社工督导工作室。

五 城乡一体化发展格局加快形成

加快城乡一体化建设是建设"强富美高"新南京的重要路径之一。南京着力推进城乡一体化建设，优化城市空间布局，形成了城乡融合互动、经济社会一体化发展的新格局。

（一）都市区—城镇网络空间特征日益显现

随着城乡一体化发展的加速推进，都市区—城镇网络空间特征日益显现。2014 年，南京组织编制的《南京市区域城市化规划》正式颁布，该规划阐明了南京未来推进区域城市化的空间布局和发展形态，提出到 2020 年，城镇化水平稳定保持在 83% 左右，将南京建成绿色、人文、智慧、集约的人民幸福都市、全国现代化建设示范区，并提出了实现城乡一体化的主要任务和规划举措。同年还制定了《关于全面深化农村综合改革 加快城乡一体化发展的意见》及配套任务分解。该意见以"大南京观"为理念，从坚守耕地保护红线、提高口粮自给率、加快科技创新视角来构建现代农业生产经营体系，以提升农业现代化水平；从确权登记、交易监管、集体资产收益等路径，深化改革农村产权制度，激发郊区发展内生动力；从土地综合整治、市场化配置、有偿退出等视角建立一体化土地使用制度，促进城乡要素的均衡配置；从户籍制度改革、特色城镇等视角，力求优化农村区域规划布局，加快新型城镇化进程；从农村金融、生态补偿等视角，强化保护制度建设，推动农业农村

① 施惠宇：《公益创投促进南京"三社联动"提质加速》，《中国社会报》2017 年 5 月 19 日。

可持续发展；从末位谈话、去行政化、三社联动等路径，推进乡村治理机制现代化。①

（二）江北新区等区域带动作用不断提升

江北新区等重点地区开发有序推进，区域带动作用不断提升。作为全国唯一一个以自主创新为首要发展目标的国家级新区，江北新区以"创新"为发展基点，围绕智能制造、生命健康、新材料、高端装备制造和现代物流、科技服务的"4＋2"现代产业体系，力求实现产城融合发展。自成立以来，江北新区吸引了一批全球范围的尖端人才，集聚了一批世界级的创新资源。资料显示，江苏南京高新—劳伦斯伯克利生命可持续研发中心、欧洲（南京）创意设计中心、中德智能制造（江苏）研究合作平台、剑桥—南京科创中心、中法产业合作示范园等一批海外"高精尖"研发机构落户新区。中国电子信息产业研究院（赛迪集团）、省产业技术研究院、东南大学集成电路产业研究所和新设的微电子学院及与上海交通大学材料学院共建的新材料工程化研究中心等国内高校和研发机构纷纷落户新区。截至 2016 年 9 月，浦口老山生态旅游体验园、"地球之窗＋X"旅游综合体、奇柯南京全球商品总部基地等 123 个重大项目陆续落户新区。新区的带动作用已初步显现。2015年，新区实现地区生产总值 1466 亿元，在 18 个国家级新区中位列第七。②

（三）产城融合发展进入新阶段

产城融合是在我国转型升级的背景下相对于产城分离提出的一种发展思路，核心是实现生产、生活、生态的融合，形成集聚效应，从而推动服务业和高端产业的发展，实现城乡资源要素的有效配合、城市空间载体的优化、城市服务功能的完善等，是区域产业空间与社会空间协调发展的内在要求。在建设"强富美高"新南京的关键时期，南京的产城融合有了新的发展。《南京市"十三五"发展规划纲要》明确提出，将麒麟科技创新园（生态科技城）、仙林大学城和江宁大学城重点打造

① 中共南京市委农村工作委员：《全面深化农村综合改革 加快城乡一体化发展》，《南京日报》2014 年 3 月 25 日。
② 《国家级南京江北新区 依托"三区一平台" 南京江北新区奋力打造全市发展重要增长极》，《南京日报》2016 年 10 月 30 日。

成以人才培养和集聚为主体的产城融合发展示范区，实现"创新在校园，创业在园区"。江北新区坚持生态先行，以城兴区，空间布局上规划以产城融合的适宜空间尺度为基本出发点，形成四个 5—10 平方公里的产业单元、八个 1—3 平方公里的生活单元。2016 年，南京老城区打造了首个产城融合特色小镇——海福传媒小镇。小镇以数字传媒为核心产业，辅以数字传媒研发、公共服务和配套服务，打造了"一核（产业核心区）、两带（主题风光带）、两区（宜居生活区）"的空间格局，为消费者提供了主城文化旅游体验的活力小镇。

第三章

新思维　新理念

第一节　中国大都市发展的逻辑转换与思维转型

　　中国大都市发展的逻辑转换与思维转型是紧密地与中国的现代国家建设进程联系在一起的。中国现代国家建设进程发生转换与转型，中国大都市发展的逻辑与思维也会发生转换与转型。中国的国家转型是从古典迈向现代，转型过程是被动诱发型的。在这个国家转型的过程中，是借助城市进行的。从大的历史脉络来看，自近代以降，与中国现代国家建设进程相符，中国的城市、都市发展经历了与殖民化相联系的通商型城市、与单位化相联系的组织型城市、与市场化相联系的增长型城市三个大的阶段。

一　近代中国：开埠通商与"通商型城市"

　　中国古典社会没有真正的西方意义上的商业、自由城市。[①] 传统中国帝国体制下，城市仅仅作为权力要素主导的"城"而存在，并不是作为一个"贸易或者市场的中心而存在，而作为一个军事的、政治的、行政的中心而存在"。按照儒家教义，在传统中国的城市规划上，城墙将城市分为内外两个部分，内部的城市统治着周围的农村；在城市内部

---

　　① ［美］保罗・M. 霍恩伯格、林恩・霍伦・利斯：《都市欧洲的形成：1000—1994 年》，阮岳湘译，商务印书馆 2009 年版，第 23 页。

中心位置的规划中，衙门、孔庙、城隍庙、试场、公廨与官邸等建筑，是其不可缺少的部分。[①] 这些建筑体现出，城市不是一个"功能性意义上的行政单位，而是一个至少在县层面上的行政中心。这是传统中国城市地位的决定因素。它不是基于经济交换过程的自然产物，而是一个被帝国统治者设计出来的存在"[②]。这种城市不是通商型的城市，从一定意义上讲，更多的是一个管理型的城市，是衙门所在地，具有政治属性。

这些城市在国家从传统迈向现代的过程中都有一个特点，也就是它们都向通商型城市迈进。所以，通过列强的压力与自我的主动，中国开始通过开埠通商，造就了一大批通商型城市。[③] 因为过去的城市不是一个大的通商型城市，而是一个小城市，"不少城镇开埠前只是区域性的政治中心和人群聚集消费的场所。相当一部分被称为'城市'（city or town）的地方，大体上是有'城'（place within the city wall）而无'市'（market），或者城与市未能融合为一体"[④]。开埠之后，开埠城市的城市人口、市政建设、公共设施、市政规章制度与城市功能都朝向"西方意义上的'城市'（city），或者在语言学意义上已经从 market 转化为 city 的'市'"[⑤]。由此，在向现代迈进的过程中，需要将其商业性的一面发展起来。通商化带来很多沿海城市的发展，如上海、广州、福州、厦门、泉州。这些城市开始从沿海的政治性城市发展成与国际贸易相连接的通商型城市。[⑥] 由此，有城有市的城市才发展起来，然后倚仗着这种城市，民族工业得以产生并得到一定的发展，这更加奠定了城市的通商性基础。在此之后，中国的现代国家政权才开始在这种民族工业所在的城市开始建构。

---

① ［美］施坚雅：《中华帝国晚期的城市》，中华书局 2000 年版，第 107 页。
② Zhiguo Ye, *Big Is Modern the Making of Wuhan as A Mega-City in Early Twentieth Century China*, *1889 - 1957*, Ph. D. Dissertation, The University of Minnesota, 2010, pp. 6, 18.
③ 杨天宏：《口岸开放与社会变革——近代中国自开商埠研究》，中华书局 2002 年版，第 57—138 页。
④ 同上。
⑤ 同上。
⑥ 林星：《近代福建城市发展研究（1843—1949 年）——以福州、厦门为中心》，博士学位论文，厦门大学，2004 年。

通过城市发展的通商化过程，中国开始了从古典到现代迈进的国家转型的过程。但是这个通商化的城市发展过程是一个不成熟的过程，城市的现代化不成熟，再加上主权不独立，这些城市的通商化是畸形的。例如买办等把持着城市的通商，造成了城市的半殖民地半封建化。同时，民族工业与外国资本的影响，对城市的发展造成巨大的影响，这都造成了它的不成熟性质。

二 中华人民共和国成立初期30年：单位化与"组织型城市"

中国共产党接手政权的时候，也将城市作为中国未来国家建构的支点接收了下来。但是在倚仗城市推动中国国家转型的时候，中国共产党将城市与国家政权、国家制度的建构衔接了起来，从国家政权与制度的逻辑来建设城市，然后通过这种建构的城市实现国家转型，从而以国家政权与国家制度的逻辑来建设的城市，形成了不同于通商型城市的城市性质，也就是组织型城市。

在中华人民共和国建立之前，中国共产党的西柏坡会议便分析了中共与城市的关系。中共在国民党主导城市之后，只能在农村开展革命，乡村是共产党的革命基础，它们不是依靠城市取得政权。所以毛泽东在会议中说："从一九二七年到现在，我们的工作重点是在乡村，在乡村聚集力量，用乡村包围城市，然后取得城市。"① 在面临革命胜利的时候，中国共产党已经认识到城市对于自身的重要性。七届二中全会明确指出，"采取这样一种工作方式（农村包围城市）的时期现在已经完结"，接下来中共的工作重心是城市，整个国家建设都要围绕城市、依靠城市来进行。报告虽然提出作为将来的执政党，中共要兼顾城乡，但是明确强调："党和军队的工作重心必须放在城市，必须用极大的努力去学会管理城市和建设城市……一步一步地学会管理城市，恢复和发展城市中的生产事业……只有将城市的生产恢复起来和发展起来了，将消费的城市变成生产的城市了，人民政权才能巩固起来。"②

---

① 毛泽东：《在中国共产党第七届中央委员会第二次全体会议上的报告》，《毛泽东选集》第4卷，人民出版社1991年版。

② 同上书，第1427页。

　　组织型城市体现为国家基于政权和制度建构的需要来建构和组织城市。它不是基于市场和生产发展的内在逻辑来发育城市，并实现城市的自我成长的。这种城市是基于计划经济、行政管理和单位社会，以及国家政权渗透基层的需要而形成的组织化城市。政府负责（1）组织生产：工业布局；（2）组织生活：城乡二元分割、配给制；（3）组织政权：单位社会。这种组织化城市实现了国家的转型，也就是说在超大规模国家中建立起了新的并且是统一的政权，建立了新的城乡二元治理结构，以及基于这些结构的生产方式。借助组织型城市，政党渗透社会，实现了社会的组织化，并维系了超大规模的国家疆域。

　　单位化与组织型城市是一体的。组织型城市中作为自下而上的城市社会生活，被自上而下的国家性单位所主导，成为国家权力要素的一个支配部分。① 单位成为重组城市生产与生活的有效机制。在日常运行上，"常规性的召集单位成员召开处理他们各式各样事务的会议，成为社会控制的有效方式"②。这种机制通过国家权力的意志在全国推广，从而"把无数个单位作为社会纽结组织、用单位网络组织整个城市社会，建立了一个单位化的城市社会"③。

三　改革开放 30 年：市场化与"增长型城市"

　　中国的改革不是以组织型城市为起点的，因为单位化与组织型城市所形成的一体化组织体系是不能够轻易被解体的。因为它支撑着整

---

　　① "街居制是应保甲制度的空缺，非单位人口组织化的需要而产生的""单位化才是基层社会重新组织的唯一方向，至于街居制度作为一种城市社会控制和整合机制，却是经历了无数次探索与实践才做出的选择"。这种长期性与探索性说明，改革前的中国的单位制是主体，街居制是补充。参见杨丽萍《从非单位到单位：上海非单位人群组织化研究（1949—1962）》，博士学位论文，华东师范大学，2006 年，第 70—72 页。在这个时期，学校、医院、其他事业单位，相对于国企而言，不是最重要的国家控制机制。因为居委会主要管理的是流动闲散人员；学校、医院其他事业单位的人员在整个 1978 年以前的中国，比之于国企中的职工而言，都属于少数。参见郭圣莉《城市社会重构与新生国家政权建设 1949—1955：上海国家政权建设分析》，天津人民出版社 2006 年版。
　　② Martin King Whyte, William L. Parish, *Urban Life in Contemporary China*, The University of Chicago Press, 1984, p. 240.
　　③ 毛丹：《村落变迁中的单位化：尝试农村研究的一种范式》，《浙江社会科学》2000 年第 4 期。

个国家，如果骤然解体，会产生巨大风险，这也是当下中国依然是单位与市场、社区共存的体系的原因所在。因此，中国的改革开放走的是"边缘"撬动"中心"的道路，中国的市场化改革从"承包制、乡镇企业、个体户和经济特区"四个重要的"边缘力量"开始，由非国营经济引导，逐步倒逼处于中心地位的城市社会主义公有制发生变革。① 即从农村开始撬动组织型城市的转型。许多研究已经说明，中国的改革开放为什么从农村开始，但是这些解释并没有回答为什么不从城市开始。这就需要考察城市与中国国家转型之间、中国改革开放时的城市与中国的国家转型之间到底存在着什么样的关系，其基本的原因在于单位化与组织型城市的强大刚性结构，难以一时间实现转型。

改革开放后，中国的国家转型从农村开始之后慢慢开始转到城市，这引发了城市的转型。国家有限度地从社会和市场中退出，使市场化的力量撬动了城市转型，逐渐实现组织型城市向增长型城市转型。市场化的力量，如资本、自由劳动力、土地，在城市中开始运作，建构了最初的增长型城市。在历经将近30年的努力后，从20世纪80年代到21世纪初，虽然有反复起伏，但是市场化要素逐渐在中国确立起来。"在1979—1993年间，增量改革在全国范围内得到了全面推行。但是国有部门改革的滞后和各种寻租行为的出现，迫使改革向以国有部门为攻坚重点的纵深方向推进。1993年的十四届三中全会确定了建立社会主义市场经济的改革目标，并已开始涉及财税、金融、企业体制等核心领域，标志着改革的整体推进。1997年中国共产党十五大，进一步将改革重点转向国有企业和政府机构改革。至今，市场经济体制在中国已经基本建立。"②

增长型城市在中国的立足，使中国的城市由以组织化为主导，向以市场化与生活性为主导转变。随着市场经济的建立，"市场改革下中国

① 参见［英］罗纳德·哈里·科斯、王宁《变革中国：市场经济的中国之路》，中信出版社2013年版，第70—98页。
② 付磊：《转型中的大都市空间结构及其演化：上海城市空间结构演变的研究》，中国建筑工业出版社2012年版，第72页。

城市，呈现出一个前所未有的多样和异质水平"①。"'重生产，轻生活'，以工业生产为城市核心职能的片面发展观得到了根本扭转，第三产业发展迅速，城市产业结构得到了逐步改善；随着市场化进程的逐步深入，各类企业单位和城乡居民逐渐成为国民经济的活动主体，城市建设活动由单一的国家计划投资转化为计划内和计划外，（形成）国家、集体和个人，内资、外资与合资等多元化的投资格局。"② 市场化的最大特点是让所有的城市居民获得利益，所有要素产生价值和功能，让所有的城市市场获得发育，前者是发育"城"，后两者是发育"市"。由此，单位解体，社区出现，整个城市开始向以市场化为导向的增长型城市转型。在这样的城市转型中，国家的现代要素开始成长起来。例如，有了股票、金融、债券、保险、社会保障、合同制度等。农村尽管是最初开始市场化的，然而，所有的现代经济、政治、管理制度在增长型城市出现。同时，增长型城市现代要素的出现，开始带动国家转型。

四　"十三五"新逻辑：从"增长"转向"治理"

长期以来特别是分税制改革以来，中国城市化的进程和国民经济的增长，一个强大的动力源于地方和城市政府的增量规划引导，通过历次五年规划和城市总体规划，把城市完全构建成一个增长机器或者是所在区域的增长极，形成了 20 世纪 90 年代中期以来中国经济增长的"城市轴心"。21 世纪以来的"十五""十一五""十二五"规划，总体逻辑仍然是以"规划主导"形成城市增长机器，创造经济增长，但是单向度的"增长"并不能全面等同于"发展"。增长型城市带来了巨大发展红利的同时，也产生了一系列问题。增长型城市是在一个比较封闭的组织型城市中产生的，这就是为什么现在上海与北京的组织化程度比一般城市要高，即使两者都是典型的增长型城市。这些混合了单位与市场的城市，带有组织型特征。这些组织型特征虽然是支撑国家稳定和政权运

---

① 吴缚龙：《退离全能社会：建设中的中国城市化》，载［美］理查德·T. 勒盖茨、弗雷德里克·斯托特、张庭伟、田莉《城市读本》（中文版），中国建筑工业出版社 2013 年版，第 615 页。

② 付磊：《转型中的大都市空间结构及其演化：上海城市空间结构演变的研究》，中国建筑工业出版社 2012 年版，第 311—312 页。

行的，但是不能惠及所有的民众，具有区隔性特征，这就是公共产品在不同的增长型城市，在同一增长型城市的中心城区和郊区分配不均匀的缘故所在。① 因此"十三五"以来，中国的城市转型进入公共化的过程，即从增长转向治理，以治理的方式实现增长的共享化，也就是城市发展公民化的过程。

中国的现代化要素尤其是增长型城市的现代化要素，是在组织型城市中生长并壮大的，但是组织型城市的原有组织化、行政化形态，使得这个生来具备现代要素的城市体系没办法惠及整个社会，这跟西方完全不一样。因为西方发达国家推动城市发展和国家转型的基本力量是市场，市场天生一定要打破界限。西方城市生长和发展面临的所有阻隔是横向的阶级阻隔，而不是城乡的空间阻隔。中国增长型城市的发展除了阶层阻隔，还有横向空间阻隔，即城乡阻隔。② 所以，增长型城市的发展红利在惠及社会的过程中，就遇到了组织型城市，或者其个别要素的阻隔，由此产生了困境。在这样的困境下，国家就想推进城市化，使增长型城市具有普惠性特征，而非局限于特别的地域、空间、行业和阶层。值此之故，当下中国城市化的目的并不是将所有的农村变成城市，而是要变革增长型城市的治理机制，使普惠型城市治理机制推广到整个社会空间领域，这就是从增长到治理的内在逻辑，人的城市化的本质要求。③

进入"十三五"规划阶段，"增量规划"还是"存量规划"一直是讨论的焦点问题。从"增量"到"存量"，本质上是规划主导还是治理主导的问题。随着中国城市化进程的进一步加速，以及城镇化的日益提升，中国的城市发展面临着重大的结构性挑战。如何在推进城市持续发展的基础上，形成一个良好的城市治理体系，成为中国城市发展的一个核心议题，因此，现代城市需要在比较和借鉴世界上不同城市治理经验

---

① 李璐颖：《城市化率50%的拐点迷局——典型国家快速城市化阶段发展特征的比较研究》，《城市规划学刊》2013年第3期。

② 参见吴缚龙《退离全能社会：建设中的中国城市化》，载［美］理查德·T. 勒盖茨、弗雷德里克·斯托特、张庭伟、田莉《城市读本》（中文版），中国建筑工业出版社2013年版，第612页。

③ 郑永年：《中国如何避免城市化陷阱》，2013年8月6日，联合早报网。

的基础上，形成一种新的治理结构和体系。党的十八大以来，随着十八届三中全会关于全面深化改革、四中全会关于全面依法治国以及习近平总书记围绕治国理政系列讲话论述的不断深入，面向经济新常态，推进国家治理体系和治理能力现代化成为国家建设与中国城市治理的核心议题。这在"十三五"时期体现得最为明显。

第一，从单向度的"规划主导"目标增长逻辑，向立体化的"治理导向"发展秩序梳理转变。21世纪以来的"十五""十一五""十二五"规划，总体逻辑是以"规划主导"形成城市增长机器，创造经济的增长，但是单向度的增长并不能代替发展。特别是近几轮的五年规划实践表明，在信息化革命的今天，经济社会的总体发展越来越不是政府规划出来的，而是透过更加全面有效的治理规范出来的。具体在产业领域，战略性的新兴产业不是由政府单独规划出来的，而是由政府有效的产业规制、友善的市场营商环境、完备的知识产权制度等创新所需的规范性要素所规范出来的。政府再也不单独具备选择和规划产业的能力，一个地区政府的能力将主要体现在其服务的规范性、对市场创新主体和技术的尊重等方面。

因而，"十三五"规划的对象不再是传统意义上的市场、产业、社会，相反"十三五"规划更应是对政府自身管理体制和运行秩序的"重新规划"与"治理"，在总体思路上正在由单向度的"规划主导"目标增长逻辑，向立体化的"治理导向"发展秩序梳理转变。从十八届三中全会强调市场在资源配置中的决定性作用、四中全会对全面依法治国的强调，再到《中共中央、国务院关于深化体制机制改革　加快实施创新驱动发展战略的若干意见》中特别指出要充分发挥企业家的作用，要加强企业家的话语权。"十三五"规划中，企业家才是产业规划的最重要主体。

第二，从单线性的"增量规划"，向"存量规划"与"增量规划"并重并行转变。从"十三五"规划起，存量规划正式成为法定主流规划的一部分。存量规划主要回答的是如何将现有的资源转移给能为城市贡献最大的使用者。减少要素转移的成本，实现社会效益的最大化，是存量规划的主要目标。上海、北京等一线城市在人口、环境、资源等硬约束力和城市摊大饼式空间布局规划后遗症的双重影响下，在"十三五"期间均提出限制增量、优化存量的发展模式路径。南京作为 1.5 线城市，面临增量增长和存量优化的双重挑战，"十三五"规划兼具"盘活存量"和"发展增量"的双重任务压力。以南京为例，南京城市空间形态正处于大发展期，正着力打造占全市三分之一国土面积的江北地区，江北有可能成为南京未来经济发展的新增长极。同时，南京江南地区还面对城市转型发展、功能布局优化、产业结构调整、空间形态置换等问题。存量规划是结构调整规划，其核心是产权，特别是对国有企业占用的大量低效率使用土地的调整，涉及国有企业管理体制的改革。如果能突破这一体制性瓶颈，建立起符合市场经济原则的交易制度，"十三五"期间将是建立现代市场经济制度和秩序体系的关键时期。因此，如何实现增量增长、存量优化，是南京"十三五"期间经济发展面临的挑战。

第三，从单维度的"载体空间规划"，向注重"时空流动性"的功能区块规划转变。"互联网＋"时代的生产组织行为日趋流动化、社群化、社区化、虚拟化、去中心化，载体空间规划将从注重 CBD、科技园区规划，转变为注重生产、生活、生态特色的功能区块的规划。与此同时，城市内部区域经济空间载体转型升级的压力进一步加大。北京朝阳区经济经历了产业集聚区—产业功能区—产业基地—创新试验区等四个阶段，从而实现全域模块化协同发展，把产业链、服务链、供应链整合成经济发展链，使区域经济发展呈现出特色鲜明、活力十足的新局面。南京正处于产业集聚区向产业功能区转向阶段，今后还面临产业功能区向产业基地、产业基地向创新试验区转向的压力。同时，在培育产业发展新载体上，南京也面临着巨大压力。互联网和无线技术的广泛应用、融合与覆盖，一方面使移动式办公成为可能，另一方面使生产组织化、社交组织化出现"超级弹性"。长期以来，以 CBD 和科技园区集聚作为营运方式的城市空间布局，将逐步呈现出"智慧生存的游牧之城"的流动形态，城市功能在空间上越来越出现离散化趋势。现在的上海张江已经有许多这样的虚拟研发公司，这些企业放弃物理形态的办公室。"十三五"应更加注重这种"时空流动性"带来的生产、生活的"超级弹性"的组织化方式，在特色化、社交化、专业化和生态化的功能区块规划上，必须适应这种"无边界"的经济社会融合与再组织化的特点，注重特色功能区块规划中的"参与""共识""认同"等概念和维度。

第四，从单元化的"五年规划"，向衔接2030城市总体规划以及中长期城市愿景转变。"五年规划"不同于城市总体规划和专项规划，受党委政府换届的影响较大，往往容易出现"领导一动、规划重弄"的局面。"十三五"规划要切实改变"规划规划，纸上画画，墙上挂挂"的对规划不严肃的态度，切忌折腾，改变"五年规划"的单元化特征，既强调规划承上启下的连续性，同时更要注重与城市总体规划以及中长期城市愿景的衔接定位。习近平总书记对此次规划的要求是：一张蓝图干到底！他在2016年2月25日视察北京时指出，规划科学是最大的效益，规划失误是最大的浪费，规划折腾是最大的忌讳。同时高层领导特别要求规划要重视细节，要重视可操作性。因此，要从体制改革入手，切实解决由于五年规划与党委政府换届不同步而出现的各类型"三年行动计划"与五年规划不衔接的问题。

"十三五"的根本转变，已经从以往的"空间增量增长"为核心向"空间存量优化"和"创新要素增量"并重转型。从本质上讲，"多规合一"的核心是改变发展的逻辑，基因是"治理"思维。互联网技术应用及引发的产业再组织和社会再组织变革，可以说是中国当前实现"存量优化"和"创新增量"发展的一个重要动力。炒得很热的所谓的"互联网思维"，其实并不是诞生于互联网，而是在互联网时代被更加强化和凸显的整合秩序思维和角色互动思维。这其实需要来自政治学的"秩序感"和社会学的"想象力"作为知识架构来支撑。跨界的资源整合所要形成的秩序重建，所体现的是对多中心跨层的立体网络治理能力。生产者、消费者、投资者多重角色的互动、细分、社交与组织化，所折射的是个体化、社群化的心理体验和行为特征。

第二节　"人居三"新城市议程与中国大都市

2016年10月17日，第三届联合国住房和城市可持续发展大会（简称"人居三"）在厄瓜多尔首都基多市正式开幕，并通过了《新城市议程》。它不仅对未来20年全球的可持续发展和城市转型发展具有绝大的指导性，而且对中国的城市发展和转型有很强的启示意义。

一　新城市议程与中国经验

"人居三"的巨大贡献是推出了《新城市议程》。这个议程是一个"包容性的、注重行动的简明文件，它旨在指导未来 20 年全球的可持续发展和城市转型发展，更加强调包容性和利益相关群体、民间社团和基层草根组织的多方参与性"[1]。与之前的《人居议程》相比，"《新城市议程》更加包容和全面，涉及经济、环境、社会、文化等多个不同的问题领域。其中，也包含了当前国际社会所面临的一些热点问题，如难民问题、气候变化问题、基础设施问题等"。具体来讲，它包含了"6 大领域和 22 个具体问题"[2]。具体内容如表 3—1 所示。

表 3—1　　　　　　　　《新城市议程》的主要内容

领域	问题	政策单元
1. 社会凝聚和平等——宜居城市（Social Cohesionand Equity – Livable Cities）	1. 包容的城市 2. 城市地区的移民和难民 3. 更安全的城市 4. 城市文化和遗产	1. 城市权和为了人的城市 2. 社会—文化城市框架
2. 城市框架（Urban Frameworks）	5. 城市法规与立法 6. 城市治理 7. 市政金融	3. 国家级城市政策 4. 城市治理、能力和机构发展 5. 市政金融和当地财政体系
3. 空间发展（Spatial Development）	8. 城市空间规划与设计 9. 城市土地 10. 城市—农村链接 11. 公共空间	6. 城市空间战略：土地市场与隔离

---

① 陈小坚：《〈新城市议程〉：通向未来可持续发展的城市化行动纲领——联合国住房与可持续城市发展大会（"人居三"）综述》，《现代城市研究》2017 年第 1 期。

② 于宏源、赵元佑：《"人居三"会议与中国城市治理的未来方向》，《上海城市管理》2016 年第 2 期。

续表

领域	问题	政策单元
4. 城市经济（Urban Economy）	12. 当地经济发展 13. 就业 14. 非正式部门	7. 城市经济发展战略
5. 城市生态与城市环境（Urban Ecology and Environment）	15. 城市恢复力 16. 城市生态系统和资源管理 17. 城市与气候变化和灾害管理	8. 城市生态恢复力
6. 城市住房与基本服务（Urban Housing and Basic Services）	18. 城市基础设施和基本服务 19. 城市交通 20. 住房问题 21. 智慧城市 22. 非正式房产	9. 城市服务与技术 10. 住房政策

　　资料来源：于宏源、赵元佑：《"人居三"会议与中国城市治理的未来方向》，《上海城市管理》2016 年第 2 期。

　　从"人居一"到"人居三"，我们可知在世界各国的现代化发展中，城市下联系着主体民众，上支撑着国家体系，决定着国家发展与社会进步。城市已经成为当今世界民族国家治理的重要平台、支撑与战略空间。迈入现代，城市与国家的关系发生了革命性变化，城市从承载国家治理功能的政治空间迅速转化为承载国家现代化发展的战略空间。[①]本质上，推动这种变化的不是城市本身的发展，而是人的发展。人是城市的核心主体，没有人就没有城市；人的生存和发展决定城市的发展方向与发展状态。现代化是以人摆脱对土地、对共同体的依赖为前提的，人的自主与自由创造了市场经济与现代生产方式，使城市不仅成为政治的平台、贸易的渠道，而且成为自由劳动与知识、技术、资本结合的生产空间。一句话，现代化使城市真正成为人的生产和创造的主体空间。于是，城市就成为现代化的基础平台，城市化就成为现代化发展的内在

---

　　① ［美］爱德华·格莱泽：《城市的胜利：城市如何让我们变得更加富有、智慧、绿色、健康和幸福》，刘润泉译，上海社会科学院出版社 2012 年版。

要求与动力所在。城市建设、城市发展与城市治理，也就因此成为国家治理和发展的中心任务。如果说前现代化的发展是国家治理决定城市，那么现代化的发展就是城市决定国家治理现代化。①

　　中国是从传统农业国迈向现代化的，所以建构和发展现代城市始终是中国现代国家建设、治理和现代化发展的战略主题。不论是孙中山先生的《建国方略》②，还是中国共产党迎接中华人民共和国诞生的"一五计划"③，都把建设城市、发展城市和管理城市、治理城市作为新生国家的首要任务。由于历史与文化传统等，中国在这一方面的基础与经验比较缺乏，加上革命所带来国家形态的变化，中国现代化过程中的城市化发展，经历了一个曲折的过程。严格地讲，中国真正以城市发展为动力撬动中国现代化、法治化和民主化建设的实践，是在改革开放之后，至今不到 40 年。但中国改革开放在这个时间段所创造的发展足以证明，对于资源有限的人口大国来说，城市发展一旦展开，必然拥有无限的能量；只有城市发展好了，国家的治理与现代化进程就能稳步向前。所以，改革开放 30 年后，在国家治理体系与治理能力现代化的"十三五"时期，当中国在新的历史起点上重新思考和布局如何再造一个辉煌 30 年的时候，中国毫不犹豫地将全面推进中国的城市治理作为国家的基本发展战略，并将其视为再创辉煌的动力、资源和平台，这就是芒福德所说的："城市的主要功能是化力为形，化能量为文化，化死的东西为活的艺术形象，化生物的繁衍为社会创造力。"④

　　"人居三"发布的《新城市议程》对已经进入城市时代的中国来讲，具有重要借鉴意义。早在 1945 年的西柏坡会议，中国的国家建设的中心工作已经宣布从农村转入城市，这说明城市已经成为中华人民共和国现代国家建设的重要战略空间。⑤ 70 多年之后中国城市化率过半的

---

　　① 参见宋道雷《城市力量：中国城市化的政治学考察》，上海人民出版社 2016 年版。

　　② Zhiguo Ye, *Big Is Modern the Making of Wuhan as A Mega-City in Early Twentieth Century China, 1889 – 1957*, Ph. D. Dissertation, The University of Minnesota, 2010, p. 178.

　　③ 何一民：《革新与再造：新中国建立初期城市发展与社会转型相关问题纵横论》，《福建论坛》2012 年第 1 期。

　　④ ［美］刘易斯·芒福德：《城市发展史：起源、演变和前景》，宋俊岭等译，中国建筑工业出版社 2005 年版，第 582 页。

　　⑤ 陈映芳：《城市中国的逻辑》，生活·读书·新知三联书店 2012 年版，第 18 页。

今天，中央城市工作会议再次强调城市工作的重要性，这使城市成为中国国家治理现代化的战略空间。[1] 城市议程的新的六大领域和22个具体问题向我们昭示，无论是从世界的一般化规律还是从中国的现实实践来看，城市是中国国家建设的大逻辑，城市治理已经成为当今中国国家治理现代化的重要支点。

二 新共识与中国的城市梦想

"人居三"达成的《新城市议程》体现的不仅是城市化、城市发展、城市治理，而且是更深层次的共识：城市发展与转型的包容性、可持续发展、城市发展的社会性，以及城市空间的重要作用。[2] 这给我们描绘了一个更加健康的城市蓝图，为我们擘画既符合人类城市文明一般规律，又为体现中国城市发展、城市治理民族特色的城市梦想，指出了光明的方向。

中国的城市发展已经取得了非常大的成就，但是同时也面临着诸多挑战。居住和人类住区问题是发展中国家城市发展的重要攻克对象，同时依然是中国城市发展的巨大挑战，"人居三"的理念对中国城市发展来讲无疑是正确的，而且必须在将来的城市发展中贯彻的。[3] 城市是中国经济、政治、文化、社会等方面活动的中心。[4] 中国现代化建设以城市建设为重要引擎，以城市发展带动整个经济社会发展，因而城市治理在党和国家的工作全局中具有举足轻重的地位。[5] 根据国家统计局的统计，2015年中国的城市化率达到58%，中国成为名副其实的城市国家。2015年中央城市工作会议的召开，中央将城市发展与城市治理提升到最高国家战略的层面。在"人居三"《新城市议程》的背景下，中国城市化的迅猛发展与城市发展、治理的重要性，同时向我们昭示"城市中国"的来临，建构中国的城市梦想不再是空中楼阁。

---

① 宋道雷：《国家治理的城市维度》，《求索》2017年第4期。
② 石楠：《"人居三"、〈新城市议程〉及其对我国的启示》，《城市规划》2017年第1期。
③ 石楠：《人居三》，《城市规划》2016年第11期。
④ 仇保兴：《第三次城市化浪潮中的中国范例——中国快速城市化的特点、问题与对策》，《城市规划》2007年第6期。
⑤ 宋道雷：《国家治理的城市维度》，《求索》2017年第4期。

"人居三"形成的城市发展和转型的《新城市议程》共识，助力突破中国式中等发展的新型城市化，从而实现中国的城市梦想。中国城市发展的未来途径应该是："大规模的城市空间扩张（包括各类新区、产业区）基本停止，区域性交通等重大基础设施新项目也很少出现，出现的区域性交通项目主要是维护、完善性项目。但区域和城市交通的整体系统性、连续性越来越好，并支撑形成了以超大、特大和大城市为中心的高效率、非均衡的节点网络型都市化区域在全国的广泛分布。各级城市中，精致、人性的空间越来越多，其中功能混合并适合人们交流、办公、营商等的室内和开放空间在城市中大量而广泛地分布着，但大部分的单体规模并不大，其中文化空间越来越多；大量工业区再城市化空间出现；交通空间以及交通空间与周边空间的系统整合性越来越好；包括绿地在内的开放空间不仅越来越多（虽然不一定大），也越来越朴素、自然、生态。小城镇、乡村越来越'本色'，更加尺度宜人、易于维护，也都含有少量精致的公共空间和营商空间；其中，都市化区域中的很多小城镇和乡村成为城市居民节假日小憩的场所，并拥有少量的城市功能与空间。人口仍然在往都市化区域集聚，其他地区的城市、县城人口一般在有进有出中保持稳定或略有增长，都市化区域的小城镇、乡村基本能够保持人口的稳定，但其他地区小城镇、乡村的人口总体仍然在缓慢流出。"①

三 "五大发展理念"与中国方案

"五大发展理念"是关系我国发展全局的一场深刻变革，攸关"十三五"乃至更长时期我国的发展思路、发展方式和发展着力点，是我们党认识把握发展规律的再深化和新飞跃，丰富发展了中国特色社会主义理论宝库，成为全面建成小康社会的行动指南、实现"两个一百年"奋斗目标的思想指引。② 十八届五中全会公报中提出，促进人与自然和谐共生，构建科学合理的城市化格局。由此可见，"五大发展理念"是

---

① 王红扬：《人居三、中等发展陷阱的本质与我国后中等发展期规划改革：再论整体主义》，《国际城市规划》2017 年第 1 期。

② 《中国共产党第十八届中央委员会第五次全体会议公报》，新华网（http：//news. xin-huanet. com/fortune/2015 - 10/29/c_ 1116983078. htm）。

指引中国城市发展和转型的重要思想指引和目标导向。

"五大发展理念"是中国向世界提出的国家治理和城市发展的中国方案。创新、协调、绿色、开放、共享"五大发展理念",向世界昭示中国的发展不是以邻为壑的零和博弈行为,而是与世界其他国家的共享发展;不是以牺牲自然为代价的发展,而是与自然的协调的环境友好式发展;不是独享式发展,而是发展为了人民、发展依靠人民、发展成果由人民共享的共享式发展。"五大发展理念"对外消除了国际社会对中国发展的恐惧和猜忌,对内坚定了共享发展的价值理念,是中国向世界亮出的中国发展方案。

"五大发展理念"是指引中国城市发展与转型的指南针,本质上与"人居三"《新城市议程》的共识是一致的。中国的发展需要创新、协调、绿色、开放、共享,中国城市的发展同样也需要创新、协调、绿色、开放、共享。开放、共享理念所指向的城市发展的包容性,协调、绿色理念所指向的城市发展的可持续性,正是《新城市议程》的最主要的核心关注点。"人居三"为城市发展提出的是社会包容、规划良好、环境永续、经济繁荣的新的城市发展理念,"五大发展理念"为城市发展提出的是融人、自然、社会、国际等为一体的城市整体发展理念。两者是一致的,并将共同成为中国城市发展的导向标。

"五大发展理念"具有鲜明的人民性,充分体现了坚持以人民为中心的发展思想。为了什么人、由谁享有的问题,是发展要解决的根本问题。"五大发展理念"把实现人民幸福作为发展的目的和归宿,贯穿着鲜明的百姓导向、民生导向,反映出我们党立党为公、执政为民的根本宗旨。越是发展到更高层次、更高水平,越要坚持人人参与、人人尽力、人人享有,越是要坚持全体人民共同富裕。这就要求我们必须始终坚持人民主体地位,坚持以人民为中心的发展思路,全面把握和推动落实共享发展的政策措施,重点聚焦并大力解决收入差距过大、公共服务供给不足、社会保障不够完善、教育和就业机会不均等的突出问题,使发展更具公平性,让人民群众有更多的获得感、幸福感。

"五大发展理念"具有严谨的科学性,充分体现了尊重和把握发展规律的求实精神。"五大发展理念"从根本上说,就是要在把握规律、按规律办事的基础上,实现更有质量、更高水平的发展,体现了科学的发展思维。"五大发展理念"直指我国发展中的突出矛盾和问题，创新发展注重解决发展动力问题，协调发展注重解决发展不平衡问题，绿色发展注重解决人与自然和谐问题，开放发展注重解决发展内外联动问题，共享发展注重解决社会公平正义问题。这就要求必须增强规律意识、问题意识，在研究并把握规律中认识发展的新内涵、新要求，在破解发展难题中实现发展的新进步。"十三五"期间，必须坚持从实际出发，因地制宜，因事制宜，经济问题要注重抓薄弱环节，无论是制定具体规划，还是出台政策措施、完善体制机制，都要着力补短板、解难题，在攻坚克难中增强经济社会发展的平衡性。

"五大发展理念"具有完备的系统性，充分体现了注重统筹兼顾的工作方法。"五大发展理念"涉及经济、政治、文化、社会、生态各个领域、各个方面、各个环节，主题主旨相通，目标指向一致，都统一到"四个全面"战略布局和"五位一体"总体布局，统一于坚持和发展中国特色社会主义的实践，统一于实现"第一个百年"的奋斗目标和实现中华民族伟大复兴中国梦的历史进程。在"五大发展理念"的大框架下，中央"十三五"规划建议，无论是具体目标的设定，还是重点任务和思路举措的制定，都兼顾了经济社会发展的全领域、各方面，既注重协调发展又聚焦重点难点，具有很强的协同性、整体性和全面性。这就要求必须树立和准确把握全面系统的辩证思维，运用统筹兼顾的分析方法，整体理解和准确把握"五大发展理念"的精神实质。特别是在执行层面，必须坚持统一贯彻、一体推进，不能顾此失彼、相互替代。

"五大发展理念"具有很强的时代性，充分体现了解放思想与时俱进的思想路线。发展是一个不断变化的过程，发展环境、发展条件不会一成不变，决定了发展理念也不会一成不变。当前，我国正处于跨越"中等收入陷阱"并向更高发展水平跃升的关键阶段，与世界的关系也发生着深刻变化。牢固树立和大力践行"五大发展理念"，意味着对传统发展思路和发展方式的根本转变，意味着思想的解放、观念的更新，是关系我国发展全局的一场深刻变革。这就要求我们必须从党与时俱进思想路线的高度看待问题，把解放思想作为总开关，注重从思想方法和思维方式上解决问题。在经济发展新常态下，必须跳出传统思维定式，深刻认识增速变化的必然性；必须摆脱原有的路径依赖，深刻认识动力转换的长期性；必须着眼长期发展的需求，深刻认识结构调整的紧迫性。坚决破除片面追求 GDP、拼资源拼投入、重城市轻农村、重效率轻公平等陈旧观念，以新的发展理念更好地跟上时代要求，在转变观念中争创新的发展优势。

第三节　践行新理念：建设"强富美高"新南京

从确立"两个一百年"奋斗目标到提出"中国梦"，从统筹"五位一体"总体布局到协调推进"四个全面"战略布局，从把握中国经济发展新常态到牢固树立"五大发展理念"……以习近平同志为总书记的新一届中央领导集体治国理政的战略布局次第铺展，蕴藏鲜明时代内涵的治国理政总体方略与时俱进、不断发展，为实现马克思主义同中国实际相结合的又一次历史性飞跃奠定了坚实的基础，推动着中国特色社会主义迈向新的境界。"四个全面"战略布局和"五大发展理念"是对当代中国社会发展规律和实践逻辑的新诠释，不断拓展了马克思主义中国化的新境界。"四个全面"是坚持和发展中国特色社会主义的理论指导和实践指南，"五大发展理念"是按照"四个全面"战略布局推动科学发展的内在要求。

一　协调推进"四个全面"，践行"五大理念"

近年来，南京坚持以习近平总书记系列重要讲话特别是视察江苏重要讲话精神为引领，紧紧围绕"四个全面"战略布局，认真践行"五大发展理念"，坚持"现代化国际性人文绿都"的城市定位，瞄准建设"一带一路"节点城市、长江经济带门户城市、长三角区域中心城市和国家创新型城市"四个城市"，实施创新驱动、人才强势、协调发展、绿色引领、全面开放、民生共享"六大发展战略"，"以五个迈上新台阶"为重点任务，以发展创新型、服务型、枢纽型、开放型、生态型"五型经济"为主攻方向，推动经济建设、政治建设、文化建设、社会建设、生态文明建设和党的建设取得了新进步，有力有序推进"强富美高"新南京建设。

一是坚持把总书记提出的"四个全面"战略布局，转化为"建设新南京"的新指南、新实践。牢牢把握"四个全面"战略思想，构建"建设新南京"总体布局。坚持用"四个全面"战略思想统领南京全局工作，明确战略目标与战略举措进行谋篇布局，提出以更高标准全面建成小康社会，以更大力度全面深化改革，以更实措施全面推进依法治市，以更强责任全面从严治党，形成了系统化、整体性的部署安排，引导全市上下协调推进"四个全面"战略布局。坚持以更高标准全面建成小康社会，紧紧围绕"两个率先"光荣使命，按照总书记强调的"不能匆匆忙忙往基本现代化赶"的要求，切实把主要精力放在建设更高水平全面小康社会上，确立了方向标、路线图、时间表、责任制，针对空气和水环境质量、单位 GDP 能耗、现代农业发展水平、居民收入水平、城镇住房保障体系健全率、群众满意度等薄弱环节，加大攻坚克难力度，努力建设实实在在、不含水分、百姓得实惠的更高水平全面小康社会。在此基础上，积极探索和开创，基本实现现代化新征程。坚持以更大力度全面深化改革，全面对接、落实中央和省委的改革决策部署，按照"规定动作做到位、自选动作有特色"的要求，统筹推进改革重点任务，调整完善改革工作领导体制机制，加强市委对改革工作的组织领导。在 2015 年度改革工作要点的制定中，共细化梳理出七大类283 项具体改革任务，抓好方案统筹、进度统筹、质量统筹、落地统筹，推动各项改革重点任务完成实现，进一步增强城市发展的动力与活力。坚持以更实举措全面推进依法治市，积极推动中国特色社会主义法治体系建设和法治中国、法治江苏建设在南京的实践和探索，按照《市委关于全面推进依法治市若干问题的决定》部署，加快健全依法治市"五大体系"，整体推进法治南京建设"八项重点任务"，制订实施法治政府建设、基层民主法治建设、公正司法和法律服务发展等专项行动计划，依法治市各项工作取得了新的进展，进一步提升了城市治理体系和治理能力。坚持以更强责任全面从严治党，按照中央和江苏省委的决策部署，以全面从严为主基调，以密切党同人民群众的血肉联系为核心，以落实管党治党责任为关键，以深入实施党建创新工程为抓手，在管党治党上努力做到纪律规矩更加严明，管理监督更加严格，干部形象更加清正，干事创业更加务实，政治生态更加清明，为"建设新南京"提供坚强的政治保证。

二是坚持把总书记提出的"五大发展理念"深刻内涵，转化为科学谋划"十三五""建设新南京"的新思路、新方法。习总书记强调指出："发展理念是发展行动的先导，是管全局、管根本、管方向、管长远的东西，是发展思路、发展方向、发展着力点的集中体现。"十八届五中全会，鲜明地提出了创新、协调、绿色、开放、共享的发展理念，深刻揭示了实现更高质量、更有效率、更加公平、更可持续发展的必由之路。理念是行动的先导。实现"十三五"发展跨越，南京要牢固树立创新、协调、绿色、开放、共享的理念，积极探索"五大发展理念"实践路径，努力创造"五大发展理念"实践样本。坚持创新发展。创新是引导发展的第一动力。坚定不移地把创新驱动摆在全市发展全局的核心位置，大力推进理论创新、制度创新、科技创新、文化创新等各方面的创新，尤其是用好用足南京科教人才优势，强力推进科技创新，强化企业在创新中的主体地位，增强科技进步对经济增长的贡献度，全面激发大众创业、万众创新，形成新的增长动力源泉，保持经济中高速增长，迈向中高端水平，推动实现更高品质、更高效率、更高水平、更可持续的发展，切实把南京建成具有国际影响力的国家创新型城市和全国重要的科技创新中心。坚持协调发展。协调发展是持续健康发展的内在要求。牢牢把握中国特色社会主义事业"五位一体"总体布局，正确处理改革发展中的重大问题，着眼于"补缺、补短、补软"，重点促进城乡区域、江南江北经济社会协调发展，促进新型工业化、信息化、城镇化、农业现代化同步发展，促进物质文明与精神文明同步提升，努力在南京构筑要素有序自由流动、主体功能约束有效、基本公共服务均等、资源环境可承载的区域协调发展新格局。坚持绿色发展。绿色是永续发展的必要条件和人民对美好生活追求的重要体现。充分放大绿色南京、生态南京的品牌优势，坚持节约资源和环境保护的基本国策，坚持可持续发展，完善生态文明制度，加快建设主体功能区，加大生态环境突出问题治理力度，深入推进生产方式、生活方式、消费方式的绿色化，加快建设资源节约型、环境友好型社会，建立绿色低碳循环发展体系，促进经济发展和生态文明相辅相成、相得益彰，促进人与自然和谐共生，切实把南京打造成"美丽中国"示范性、标志性城市。坚持开放发展。开放是繁荣发展的必由之路。充分发挥南京的产业优势、科教优势、人文优势，大力推进企业、城市、人才"三个国际化"，坚持对外开放和对内合作并举，坚持内需和外需、进口和出口、引资和引技引智、更高水平引进来和更大步伐走出去并重，积极参与全球经济合作和竞争，主动对接"一带一路"和长江经济带建设战略，对接上海自贸区，全面营造法制化、国际化、便利化的营商环境，发展更高层次的开放型经济，构建全面开放新格局和新体制。坚持共享发展。共享是中国特色社会主义的本质要求。紧紧围绕"七个更"目标，坚持以人为本的城镇化为核心，把促进人民福祉、促进人的全面发展作为发展的出发点和落脚点，做出更有效的制度安排，促进机会公平，推进基本公共服务均衡化和均等化，提高公共服务共建能力和共享水平，推进基本公共服务供给，积极把改善民生的重大举措转化为推动经济社会转型升级的强大力量，努力实现全市市民共同迈入更高水平小康社会。

践行"五大发展理念"，既是南京资源禀赋优势所在，更是南京发展的内在要求和使命所系。谋划"十三五"发展，要深刻领会"五大发展理念"的精髓要义，贯彻落实到经济社会发展的生动实践中，坚持把"创新"作为发展的基点，用"协调"把握发展的节奏，让"绿色"成为发展的底色，以"开放"构筑发展的格局，把"共享"作为发展的目标，努力开辟新南京建设的崭新境界。

二 "五个迈上新台阶"，建设"强富美高"新南京

习近平总书记视察江苏时发表的重要讲话，不仅首次提出了"四个全面"战略布局，要求江苏紧紧围绕率先全面建成小康社会、全面深化改革、全面推进依法治国、全面从严治党，努力建设经济强、百姓富、环境美、社会文明程度高的新江苏，并明确要求江苏在推动经济发展、现代农业建设、文化建设、民生建设、全面从严治党等五个方面迈上新台阶。

一是坚持把总书记提出的"五个迈上新台阶"重大任务，转化为"建设新南京"的新抓手、新突破。把总书记勾画的美好蓝图在南京率

先化为现实，必须紧紧扭住"五个迈上新台阶"总抓手，健全"建设新南京"工作体系，确保总书记重要讲话精神在南京落地生根、开花结果。在经济发展上，认真落实中央和江苏省各项决策部署，积极适应经济发展新常态，以提质增效为中心，以结构调整为重点，以改革创新为动力，着力争创创新型、服务型、枢纽型、开放型、生态型等"五型经济"发展新优势，加快提升城市发展新能级，聚力打造经济发展新高地，不断拓展经济发展新空间，全力推动全市经济发展迈上新台阶。在现代农业建设上，围绕"农业强、农民富、农村美"的工作目标，以建设国家现代农业示范区为契机，以全面深化农业农村改革和加强农业法治建设为动力，以加快转变农业发展方式为主线，加强农业科技创新、经营方式创新、经营体制创新、业态创新、政策创新，推进农业规模化、产业化、品牌化，大力发展产出高效、产品安全、资源节约、环境友好、功能多元的都市现代农业，加快农业现代化进程，促进农民收入持续较快增长，奋力推动农业农村发展走在江苏省前列。在文化建设上，坚持以培育和践行社会主义核心价值观为主心骨，以深化文化体制改革为主动力，以深入实施文化建设工程为主抓手，突出文化事业与文化产业相协调、文化传承与文化创新相统一、政府引导与市场机制相促进，全面提升文化建设质量，全面提升人的现代化水平，全面提升城市文明程度，努力在全社会形成科学文明、开拓创新、健康向上的思想观念和道德风尚，为建设新南京提供强大的文化支撑和保障。以全面提升文化软实力、人的现代化水平、城市文明程度为目标，争当江苏省社会文明程度高的先行示范区。在民生建设上，围绕总书记提出的"七个更"要求，坚持问题导向，强化底线思维，主动顺应新趋势、新要求，准确认识保障和改善民生工作的新起点，全面落实"守住底线、突出重点、完善制度、引导舆论"的"十六字方针"。统筹处理好与民生建设密切相关的各项发展要素间的关系，处理好发展经济与改善民生的关系，处理好立足当前与着眼长远的关系，处理好尽力而为与量力而行的关系，处理好政府主导与社会参与的关系。以深化改革为动力深入推进民生幸福工程，更加注重民生领域改革的系统性、整体性、协同性，在推进增量改革的同时加大存量改革力度，让群众更多更公平地分享改革发展成果。在全面从严治党上，以全面从严为主基调，以密切党同人民群众的血肉联系为核心，以落实管党治党责任为关键，以深入实施党建工作创新工程为抓手，严明党的纪律，严抓思想建设，严格干部管理，严肃党内政治生活，严厉惩治腐败，全面加强党的思想、组织、作风、反腐倡廉和制度建设，在管党治党上做到纪律规矩更加严明，管理监督更加严格，干部形象更加清正，干事创业更加务实，政治生态更加清明，为建设经济强、百姓富、环境美、社会文明程度高的新南京提供坚强保证。按照"五个坚持、十个切实从严"的部署要求，全面构建从严治党的责任体系、推进体系、制度体系、监督体系，营造风清气正的良好发展环境。一年来，在推进"迈上新台阶、建设新南京"的实践中，全市广大干部群众锐意进取、开拓创新，攻坚克难、务实苦干，各地各部门工作有了新的创举，打开了新的局面，取得了令人鼓舞的良好成绩，新南京建设呈现出勃勃生机。

二是坚持把总书记提出的"强富美高"发展目标，转化为"建设新南京"的新任务、新要求。"新江苏"是总书记对江苏发展的最新定位，也是建设"新南京"的动员令。要对标时代要求，立足群众期盼，结合发展实际，进一步丰富和深化"新南京"的实践内涵，紧紧扭住"五个迈上新台阶"总抓手，奋力把总书记勾画的美好蓝图在南京率先化为现实。经济强，要强在科技创新力，强在产业竞争力，强在农业生产力，强在企业发展活力，积极适应经济新常态，以经济发展质量和效益得到显著提升为标志，以转方式、调结构为抓手，确保新常态下的南京经济发展更有质量、更有效益、更可持续。百姓富，要富在大众创业广，富在居民收入水平高，富在社会保障好，富在公共服务优，让群众更多更公平地分享改革发展成果，物质生活富足，精神生活丰富。环境美，要美在自然资源环境，美在产业生态环境，美在城乡人居环境，美在社会人文环境，让南京的自然之美、人文之美、传统之美与现代之美交相辉映，让南京人民生活在更加美好宜居的环境中。社会文明程度高，要高在社会崇尚文明，高在社会公平正义，高在社会诚实守信，高在社会平安稳定，让社会主义核心价值观深入人心，公平正义得到保障，尊法守法成为习惯，诚信友善蔚然成风，社会大局和谐稳定。切实以"经济强"夯实发展基础，以"百姓富"检验发展成效，以"环境美"增创发展优势，以"社会文明程度高"提升发展水平，持续提升南京国际影响力，强化带动辐射中西部发展功能，综合提升城市能级水平，打造"大众创业、万众创新"升级版，推动南京在"建设新江苏"的征程上走在前列，争当排头兵。

三 提升首位度："两聚一高"中增创新优势

2016 年 12 月 28 日，中共江苏省委常委会召开会议专题研究南京市工作，对南京城市发展进一步对标定位。对标定向，参照系很重要。这就要求我们对南京的思考必须放在江苏省、长三角、东部地区和全国的大格局中来审视，与同类城市做比较，南京处于什么样的地位？放到历史发展的进程中来思考，南京承担什么样的使命？为此，江苏省委书记李强指出，江苏省党代会以"两聚一高"为主题，明确了未来五年江苏的奋斗目标和任务举措，在全省形成了广泛共识。南京发展在全省的大局中具有特殊的重要性，要以贯彻落实江苏省第十三次党代会精神为契机，对南京发展进一步对标定向：努力建成首位度高的省会城市、影响力强的特大城市、国际化程度高的历史文化名城、幸福感强的宜居宜业城市，在推进"两聚一高"中增创新优势，走在新一轮发展前列。

一是建成首位度高的省会城市。首位度反映了一个城市对资源的集聚力和对周边的带动力。衡量首位度，国际上有通行的"两城市指数"，即首位城市和第二位城市的人口规模之比，也有用经济规模来做比较的。根据 2015 年江苏省人口抽样调查，南京市人口是 823 万，苏州市是 1061 万。如果按照人口规模之比来计算，南京的首位度为 0.776。南京经济总量比不上苏州，人口总量也不是第一。

但就中心城市本身来说，南京的体量是很大的，特别是把政治、经济、文化、社会等各方面因素综合起来，南京还是江苏省的首位城市。首位度不是简单地靠行政区划调整、扩大地盘就可以提升的，关键要看实力。首先要记住南京的"第一身份"是省会城市，要有强烈的"省会意识"，在发展定位和工作标准上确立更高的追求。南京地跨长江两岸，连接苏南、苏中、苏北，是各种资源要素交互的中心。南京的首位度提升，对辐射带动苏中、苏北有很大的作用。未来五年将基本建成的设区市到南京的 1.5 小时高铁交通圈，将进一步强化南京省会城市的地位。

全省常住人口的地区分布情况：

地区	人口数（万人）	比重（%）	
		2015年	2010年
全　省	7973	100	100
南京市	823	10.32	10.18
无锡市	651	8.17	8.1
徐州市	866	10.86	10.91
常州市	470	5.89	5.84
苏州市	1061	13.31	13.3
南通市	730	9.16	9.26
连云港市	447	5.61	5.59
淮安市	487	6.11	6.1
盐城市	723	9.07	9.23
扬州市	448	5.62	5.67
镇江市	318	3.99	3.96
泰州市	464	5.82	5.87
宿迁市	485	6.08	5.99

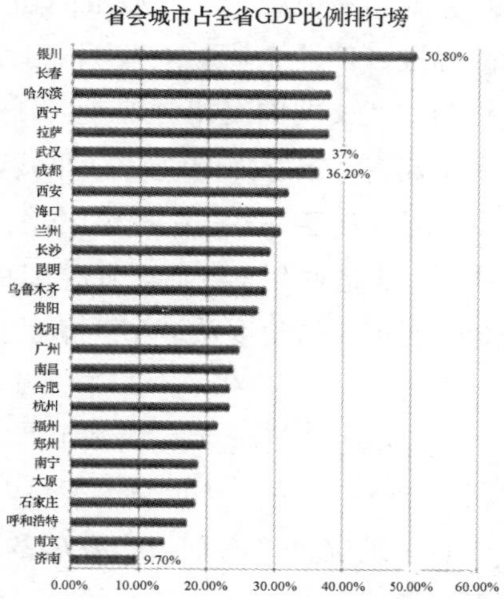

省会城市占全省GDP比例排行榜

图3—1　江苏省常住人口的地区分布及省会城市占全省GDP比例

二是建成影响力强的特大城市。长三角城市群发展规划把南京定位为"特大城市"，仅次于上海"超大城市"，杭州、合肥、苏州的定位是Ⅰ型大城市。这个划分标准主要是依据城区常住人口规模，相对而言，南京的城镇化率要更高一些。特大城市不仅表现在人口规模和地理范围，而且更多地体现在城市经济社会发展的高端形态。从全球范围来看，特大城市一般是对区域、国家乃至世界经济社会发展具有强大带动力的城市。东京、悉尼、首尔等特大城市对所在国家的经济贡献率平均都在30%以上，英国的伯明翰是当今世界最大的工业城市之一。这些城市集聚了大量高端产业，通常是新兴产业的发源地。南京要建成影响力强的特大城市，必须更加注重提高发展质量，打造核心竞争力，构筑特色优势，把特大城市效应发挥出来。

三是建成国际化程度高的历史文化名城。面对经济全球化的深入推进，提高城市国际化水平应该作为南京发展的重要取向，建设一个更加开放、多元、包容的南京。构建有彰显度和显示度的文化品牌与文化地标，打造世界级的佛教中心、明城墙风光带、民国文化区、中山陵风景区等，打造扬子江生态旅游文化发展带。要建成国际化程度高的历史文化名城，不是指模仿照搬"欧陆风情"，而是要把城市的历史文化底蕴与国际化元素有机融合，使城市的功能设施体现国际水平、管理服务接轨国际标准、产业企业融入国际分工、城市文化展现国际美丽，实现传统文化与现代文明的交相辉映。

四是建成幸福感强的宜居宜业城市。城市建设和发展是为了让城市生活更美好，让老百姓的幸福感更强。城市的核心是人，关键是12个字：衣食住行、生老病死、安居乐业。南京的建设与治理，要从微观的层面，从一个普通市民的角度从城市生活的细节去感受和思考。要建成幸福感强的宜居宜业城市，必须坚持科学规划的引领，有效控制人口规模，打造优美的城市生态环境，实现城市开发综合效益最大化，让市民生活更加便利、舒适，让每一个南京人发自内心地为这座城市感到自豪。

同时，围绕事关南京未来发展的重大问题，要集中力量攻坚突破。一是加快形成创新发展的核心优势。建好科研与市场间的桥梁，把科技成果转化为现实生产力，把科技人才优势转化为发展优势；增强人才与城市间的"黏度"，着力营造优质的创新生态系统，将其打造成人才之城、创新之都；实现产业与技术间的共振，有所为、有所不为，主攻能够引领未来产业发展的领域，形成领先优势。二是在宁镇扬—体化中发挥龙头带动作用。担起责任主动加强对接，主动协同配合，主动牵头推进，加强对重大规划、战略问题的牵头研究，牵头抓好关键项目的对接实施，积极推动协同创新，承担生态责任。三是高标准建设江北新区。把理顺管理体制和运行机制作为重中之重，管理层级要扁平化，运作模式要突出市场化，考核评价要更具激励性。江北新区要把创新作为立区之本，着眼全球，吸引高端外资项目、人才团队和功能性机构，着力培育有世界影响力的产业集群。四是用心抓好城市的建设治理。城市建设要突出特色风貌的打造和彰显，塑造具有历史风韵和文化特色的整体形象。着力解决好城市水环境整治、地下管廊建设、建筑设计、棚户区改造、城市施工、城市精细化管理、周边发展留白等问题。五是创造过硬的富民成果。更加突出富民导向，坚持以产业层次提升带动收入水平提升，壮大中等收入群体，补好民生短板。

第四章

新定位　新目标

在走向全球化的时代下，南京必须立足自身特色和优势，提升核心竞争力。这就要求南京必须切合当下的国内外环境，在准确把握自身优势和困境的条件下，进行全方位的创新。这一创新首先体现为思维和理念的创新，包括从"增长"转向"治理"、践行"五大发展理念"等。在此基础上，则是定位和目标的创新。因此，本章将探讨在这一新的思维和理念指导下，南京在"现代化国际性人文绿都"的总定位下"十三五"发展期间的战略目标。

第一节　"现代化国际性人文绿都"
的总定位与总目标①

"十三五"发展阶段的要求、人口转型以及 2014 年南京青奥会的成功举办，这些因素对于南京推进现代化和国际化进程，既是要求和挑战，又是契机。因此，南京需要明确"现代化国际性人文绿都"这一定位的内涵和目标愿景，进而推进"强富美高"新南京总目标的实现。

一　"现代化国际性人文绿都"城市定位的历史演进

从 2006 年南京市第十二次党代会将南京定位于"现代化国际性人

①　该部分内容已由叶南客以"特大城市'十三五'发展的新思维与目标愿景——以南京建设现代化国际性人文绿都为例"为题发表于《中国名城》2017 年第 2 期。

文绿都"以来，从总蓝图、新注脚到新内涵，"现代化国际性人文绿都"的内涵不断丰富与发展，先后经历了"形成期""丰富期""跃升期"三个发展阶段。（1）形成期（2006—2011），从2006年市第十二次党代会正式确立"现代化国际性人文绿都"的城市定位，一直延续到2011年市第十三次党代会的召开，这个阶段描绘了"现代化国际性人文绿都"的总蓝图。（2）丰富期（2011—2014），从2011年市第十三次党代会召开，到习近平总书记视察江苏，这个阶段南京提出了"三都市""三名城"作为"现代化国际性人文绿都"的新注脚。（3）跃升期（2014—至今），从2014年12月习近平总书记视察江苏到"十三五"，南京承载新使命，落实"四个全面"，建设"强富美高"新南京，推动迈上新台阶。

（一）"现代化国际性人文绿都"总定位的形成期——描绘总蓝图

2006年，南京市第十二次党代会提出力争通过五到十年的努力，到2020年把南京建设成为经济发展更具活力、文化特点更加鲜明、人居环境更为优美、社会更加安定和谐的"现代化国际性人文绿都"。

"现代化国际性人文绿都"的定位主要从四个方面发挥规划的引领作用。（1）经济发展更具活力——城市产业发展空间布局规划。南京经济发展面临着经济结构战略性调整的重大任务，城市规划必须按照经济结构调整的要求，促进产业结构优化升级。（2）文化特色更为鲜明——城市历史文化保护及产业发展规划。南京在历史文化名城保护规划方面一直走在全国前面，要实现"现代化国际性人文绿都"的目标，必须在形象上更具特色，才能逐步成为一个国际影响更大的世界历史文化名城。要重点做好南京历史文化资源最为集中的老城保护规划，做好文化产业发展规划，做好国际性现代化新区规划。（3）人居环境更为优美——城市建设空间布局规划。一要加强绿地建设规划。二要做好生态环境建设规划。三要加强城市交通规划，突出解决城市交通问题。四要加强城市居住小区规划，改善城市居住环境质量。（4）社会更加安定和谐——城市社区空间布局规划。要学习新加坡的社区建设和小区更新经验，进一步改善南京的小区出新思路，把小区出新与和谐社区的营造结合起来。

（二）"现代化国际性人文绿都"总定位的丰富期——增加新注脚

2011 年，南京市提出建设"现代化国际性人文绿都"，建设一个具有现代化水平、国际性功能，集智慧经济、人文特质与绿色发展特色于一身的城市。具体来看，就是建设"三都市""三名城"，把南京打造成为独具魅力的人文都市、绿色都市、幸福都市，独具特色的中国人才与创业创新名城、软件与新兴产业名城、航运（空）与综合枢纽名城。"三都市""三名城"是南京建设"现代化国际性人文绿都"这一战略定位下的具体部署，是"现代化国际性人文绿都"定位的新注脚。打造"三都市""三名城"，是对人文绿都定位的拓展和深化。

"现代化国际性人文绿都"的关键词是人文、绿色、幸福，具体体现在"三都市"建设之中。一是建设人文都市，一方面协调保护与发展的关系，实现"中华文化重要枢纽、南方都城杰出代表、具有国际影响的历史文化名城"的保护目标；另一方面是加快文化建设和文化创新，构建具有文化影响力的世界历史文化名城。二是建设绿色都市，一方面推动南京绿色品牌塑造，让绿色成为城市形象的标志性特征；另一方面推动包括经济发展模式、绿色产业、绿色消费和绿色生活等的绿色驱动发展，成为南京城市发展的新模式。三是建设幸福都市，一方面提升生产性服务功能、生活性服务功能和创新性服务功能等城市服务功能，完成从形态完善向功能完善的转变；另一方面提升城市生活品质，统筹解决交通拥堵、环境污染等"城市病"，推动各类保障机制的建立和权利的享有，让南京市民更幸福。

"现代化国际性人文绿都"建设还需要产业支撑，这主要体现在"三名城"建设之中。一是建设人才与创业创新名城，加大科技、教育、人才体制综合改革力度，激发和集聚创业创新活力。二是建设软件与新兴产业名城，促进南京加快成为具有全国影响力的科技创新中心和战略性新兴产业高地，推动南京产业结构战略性转型升级。三是建设航运（空）与综合枢纽名城，围绕振兴枢纽经济，以打造航运（空）大枢纽为重点，以建设枢纽经济区为关键，促进枢纽功能持续强化、枢纽产业全面升级、枢纽经济跨越发展、枢纽地位整体提升。

（三）"现代化国际性人文绿都"总定位的跃升期——承载新使命

习近平总书记于 2014 年 12 月在江苏的工作视察中提出了协调推进

全面建成小康社会、全面深化改革、全面依法治国、全面从严治党"四个全面"的要求，指明了建设经济强、百姓富、环境美、社会文明程度高的新江苏的方向和路径，强调要在"推动经济发展、现代农业建设、文化建设、民生建设、全面从严治党五个方面迈上新台阶"。"现代化国际性人文绿都"是统领南京经济社会发展的一条主线，与习近平总书记在视察江苏时对江苏提出的"五个迈上新台阶"，建设"强富美高"新江苏的总要求一脉相承。

总书记提出的"五个迈上新台阶"重大任务，正转化为新时期"建设新南京"的新抓手、新突破。在经济发展上，加快发展创新型、服务型、枢纽型、开放型、生态型"五型经济"，率先形成创新驱动、内生增长、绿色发展的经济发展新格局。在现代农业建设上，围绕"农业强、农民富、农村美"的工作目标，以建设国家现代农业示范区为契机，以全面深化农业农村改革和加强农业法治建设为动力，以加快转变农业发展方式为主线，奋力推动农业农村发展走在全省前列。在文化建设上，以全面提升文化软实力、人的现代化水平、城市文明程度为目标，争当全省社会文明程度高的先行示范区。在民生建设上，围绕总书记提出的"七个更"要求，全面落实"守住底线、突出重点、完善制度、引导舆论"的"十六字方针"，以深化改革为动力深入推进民生幸福工程，让群众更多更公平地分享改革发展成果。在全面从严治党上，按照"五个坚持、十个切实从严"的部署要求，全面构建从严治党的责任体系、推进体系、制度体系、监督体系，营造风清气正的良好发展环境。

南京全面贯彻落实总书记讲话精神，有力有序展开"迈上新台阶、建设新南京"工作布局，坚持把总书记提出的"强富美高"新要求，转化为"建设新南京"的新导向、新目标。经济强，就是要强在科技创新力，强在产业竞争力，强在农业生产力，强在企业发展活力，积极适应经济新常态，以经济发展质量和效益得到显著提升为标志，以转方式、调结构为抓手，确保新常态下的南京经济发展更有质量、更有效益、更可持续。百姓富，就是要富在大众创业广，富在居民收入水平高，富在社会保障好，富在公共服务优，让群众更多更公平地分享改革发展成果，物质生活富足，精神生活丰富。环境美，就是要美在自然资源环境，美在产业生态环境，美在城乡人居环境，美在社会人文环境，让南京的自然之美、人文之美、传统之美与现代之美交相辉映，让南京人民生活在更加美好宜居的环境中。社会文明程度高，要高在社会崇尚文明，高在社会公平正义，高在社会诚实守信，高在社会平安稳定，让社会主义核心价值观深入人心，公平正义得到保障，尊法守法成为习惯，诚信友善蔚然成风，社会大局和谐稳定。切实以"经济强"夯实发展基础，以"百姓富"检验发展成效，以"环境美"增创发展优势，以"社会文明程度高"提升发展水平，明确建设"一带一路"节点城市、长江经济带门户城市、长三角区域中心城市和国家创新型城市"四个城市"的奋斗目标，推动南京在"建设新江苏"的征程上走在前列，争当排头兵。

习近平总书记系列重要讲话特别是视察江苏重要讲话精神，是我们做好工作的科学指引和根本遵循。建设"现代化国际性人文绿都"的总定位，需要围绕率先全面建成小康社会决胜阶段和积极探索开启基本实现现代化建设新征程重要阶段的任务要求，从夯实发展基础、体现发展成效、增创发展优势、提升发展境界等入手，围绕"经济强、百姓富、环境美、社会文明程度高"进行谋篇布局，科学部署发展举措，确保中央和江苏省委对南京工作的各项要求全面落到实处，推动南京经济社会发展战略与发展目标相适应、相协调，努力建成首位度高的省会城市、影响力强的特大城市、国际化程度高的历史文化名城、幸福感强的宜居宜业城市，在推进"两聚一高"中增创新优势，走在新一轮发展前列。①

二　"现代化国际性人文绿都"总定位在"十三五"的目标愿景

"十三五"是全面推动"迈上新台阶、建设新南京"取得重大新进展的关键时期，是率先全面建成小康社会决胜阶段和积极探索开启基本实现现代化建设新征程的重要阶段。中央"十三五"规划建议提出的创新、协调、绿色、开放、共享"五大发展理念"，江苏省委"十三五"规划建议提出的创新驱动发展、科教与人才强省、新型城镇化和城

---

① 参见 http：//www. njdaily. cn/2016/1229/1549516. shtml。

乡发展一体化、区域协调发展、经济国际化、可持续发展、民生共享等"七大发展战略",是"十三五"乃至更长时期全国、全省发展思路和发展方向的集中体现。作为南京市"十一五"以来的核心战略,"现代化国际性人文绿都"这一总定位在"十三五"期间有了更加深化的拓展,而且在愿景内涵上有了更高层次的升华。

在关于《中共南京市委关于制定南京市国民经济和社会发展第十三个五年规划的建议》的说明①中强调,南京市第十二次党代会确立的"现代化国际性人文绿都"的城市定位,符合江苏省委、省政府对南京发展的明确要求,符合南京基本市情,必须继续加以坚持。同时,也应看到,随着"一带一路"和长江经济带等国家重大发展规划的推进实施,南京发展环境条件也在发生深刻的变化。为适应新的形势要求,《建议》在坚持"现代化国际性人文绿都"城市定位的基础上,进一步拓展和深化对城市目标定位的认识,提出建设"一带一路"节点城市、长江经济带门户城市、长三角区域中心城市和国家创新型城市"四个城市"的奋斗目标。

在 2016 年 8 月召开的南京市委十三届十三次全会提出,以习近平总书记系列重要讲话特别是视察江苏重要讲话精神为引领,全面贯彻中央城市工作会议和江苏省委全会精神,全面提升城市的综合实力和国际竞争力,围绕建设"现代化国际性人文绿都"的发展方向,南京将进一步树立精致建设、精明增长、精细管理、精美品质的工作导向,着力转变城市发展方式,着力塑造城市特色风貌,着力彰显城市文化内涵,着力提升城市环境质量,着力创新城市管理服务,加快建设生态宜居、富有活力、智慧人文的现代化特大城市。围绕"十三五"规划确定的重点任务,进一步优化区域特色产业功能定位,南京将着力打造国际软件名城、中国"互联网+"名城、中国智能制造名城、中国现代服务业名城"四名城"。

(一)多重国家战略与规划叠加的新定位

1. 多重国家战略叠加,"现代化国际性人文绿都"总定位的新拓展

国家级的区域发展战略,决定了城市的区域定位和发展方向。近年

---

①　参见 http://news.xinhuanet.com/local/2016 - 01/04/c_ 1117656907. htm。

来，国家提出并实施丝绸之路经济带、21世纪海上丝绸之路、长江经济带和苏南自主创新示范区战略。2015年，南京市江北新区被批复为国家级新区。2016年，《长江三角洲城市群发展规划》出台。这些重大国家战略在南京密集叠加实施，对南京城市发展产生重大而又深刻久远的影响。"十三五"时期，南京要积极有效地回应国家战略密集叠加的战略机遇，针对外部发展环境的整体变化，在坚持"现代化国际性人文绿都"总定位的基础上，对城市定位做了进一步拓展，提出全力建设"一带一路"节点城市、长江经济带门户城市、长三角区域中心城市和国家创新型城市"四个城市"的目标。

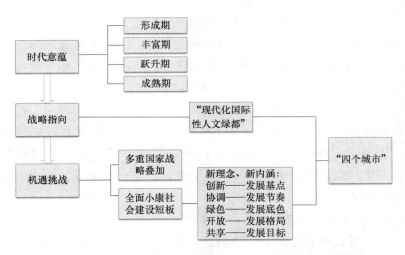

图4—1 "现代化国际性人文绿都"总定位的深化和拓展

2. 多重国家规划叠加，"现代化国际性人文绿都"总定位的新深化

国家级的区域规划和国家批复的城市总体规划，决定着城市的等级层次和发展能级。南京一直以来是长三角地区重要的区域中心城市，《长三角区域规划》赋予了南京门户城市的功能。同时，南京凭借科教资源的优势和综合枢纽城市的地位，在创新和服务经济带动下积极向国家中心城市迈进。《苏南现代化建设示范区规划》中提到，2030年苏南示范区将建成经济发达、社会进步、生活富裕、生态良好、民主法治的现代化地区，南京作为苏南板块中唯一的省会城市位

列其中。目前，国家正在编制新的《全国城镇体系规划》：构建"十百千万"的城镇体系，即"十个国家中心城市、一百个国家特色城市、一千个中小城市、一万个特色镇"。"国家中心城市"是处于城镇体系最高位置的城镇层级，在全国具有引领、辐射、集散功能，在综合服务、产业发展、物流枢纽、开放带动和人文凝聚等方面拥有超强实力。目前，南京在区位、产业、交通和科教等方面拥有得天独厚优势，南京作为长三角区域中心城市，已经具备了较强的要素聚集、创新引领、产业辐射功能。2016年全国"两会"上，南京市市长缪瑞林建议在优化东部城市群过程中，把南京作为国家中心城市放到中心群来推动，在全国发展大格局中承担更大的使命，发挥更大的作用。2016年7月，《南京市城市总体规划（2011—2020年）》获批，南京被定位为国家东部重要的中心城市，《长江三角洲城市群发展规划》① 赋予南京长三角地区唯一特大城市，明确了南京在都市圈、江苏省、长三角地区、东部地区乃至全国的定位。从区位和等级来看，南京被定位为东部重要的中心城市和长三角唯一的特大城市、世界级城市群的重要节点城市。在长三角打造世界级城市群的历史性进程中，作为长三角的唯一特大城市，南京的城市空间发展格局面临重塑，在世界级城市群城市网络中的节点地位进一步提升，城市功能将随之拓展和丰富。

（二）闭环生态逻辑下的新目标

十八届五中全会提出了"创新、协调、绿色、开放、共享"的发展理念，成为"十三五"发展的新理念。南京是历史文化名城、产业发展重镇、山水城林之都，同时也是一座正在迈向现代化、国际化的特大城市。面向"十三五"，南京要牢固树立"创新、协调、绿色、开放、共享"的理念，积极探索"五大发展理念"的实践路径，努力创造"五大发展理念"的实践样本。在概念内涵和城市品质层面，"现代化国际性人文绿都"的总定位，既默会了"五大发展理念"的内涵指向，又在践行"五大发展理念"中对城市发展品质和愿景的进一步升华。

---

① 详见 http://www.ndrc.gov.cn/zcfb/zcfbghwb/201606/t20160603_806390.html。

结合对中央"五大发展理念"、江苏省委"七大发展战略"的贯彻和落实，根据"十三五"时期南京发展阶段特征的新变化，南京在"十三五"发展的总体思路上，进一步提出实施创新驱动战略、人才强市战略、协调发展战略、绿色引领战略、全面开放战略、民生共享战略"六大发展战略"，大力发展创新型经济、服务型经济、枢纽型经济、开放型经济、生态型经济的"五型经济"发展导向，全力建设"一带一路"节点城市、长江经济带门户城市、长三角区域中心城市和国家创新型城市"四个城市"。

为确保实现"十三五"发展良好开局，南京市委十三届十三次全会提出，树立精致建设、精明增长、精细管理、精美品质的工作导向，转变城市发展方式，全面提升城市的综合实力和国际竞争力，加快建设生态宜居、富有活力、智慧人文的现代化特大城市。围绕"十三五"规划确定的重点任务，进一步优化区域特色产业功能定位，南京将着力打造国际软件名城、中国"互联网＋"名城、中国智能制造名城、中国现代服务业名城"四名城"。

南京市委全会将精致建设、精明增长、精细管理、精美品质作为工作导向，是对中央和江苏省委相关会议精神的全面落实和部署，是将中央和省委精神与南京特大城市、东部地区重要中心城市新定位结合在一起，对南京城市工作的新一步谋划和布局，是对南京"十三五"规划的重要补充和提档升级。可以说，精致建设、精明增长、精细管理、精美品质的工作导向，既是中央城市工作会议"一个尊重五个统筹"精神和江苏省委"六个优化"精神的南京落实和南京体现，也是南京学习借鉴杭州城市工作强调精品、精致、求精意识的体现。

精致建设，着重体现在南京的物质建设、文化建设、市容市貌、景观、各种设施等，都要精致化。精明增长，要求南京经济社会发展全方位的精明增长，要提高效率，而不是粗放增长，要建设紧凑型城市。社会发展也要精明增长，优化社会结构，精准化服务民众，更加精明地促进社会发展。精细管理，体现为城市治理包括行政管理、城市规划、城市建设等，要更加精细化。细节决定成败，南京的城市工作将更加强调细节。精美品质，要求我们要将城市品位作为城市发展的新定位，打造更加精美的精品现代化城市。现在，南京率先开启了向全面现代化迈进的历程，需要提升城市品位，建设"美丽中国"的标志性城市，加快建设生态宜居、富有活力、智慧人文的现代化城市。

可以说，精致建设、精明增长、精细管理、精美品质的工作导向，是南京城市工作理念的更高追求，是城市工作过程中的更高要求，是城市工作目标的更高定位，要求南京以精心设计、精准推进来建设精品城市，实现各项工作的精益求精，落实中央和江苏省委城市工作会议精神。

在"六大发展战略""五型经济"发展导向、建设"四个城市""四精"工作导向、打造"四名城"的基础上，我们进一步深入挖掘"五大发展理念"与"现代化国际性人文绿都"总定位的逻辑关联，尝试性地提出"五大发展理念"—"六大发展战略"—"五型经济导向"—"五全发展动力"—"五G都市愿景"—"现代化国际性人文绿都"总定位总方向的闭环生态逻辑。

"五全发展动力"。全生产要素发展，强调非具体化的技术进步。南京要继续强化领军型人才的带动作用，释放技术进步、组织创新和专业化生产对经济增长的贡献。全生命周期发展，强调源于社会需求而产生的全新技术交易。南京要强化经济创新服务体系中，市场作为基础并发挥决定性作用的资源配置系统，大力发展专业化技术中介服务体系。全产业链发展，强调从"生产源头"到"消费结果"的全程生态化环节。南京要围绕若干重点产业领域，以全产业链模式创新商业模式，产生全局性的显著差异特点，形成竞争优势。全价值链发展，强调所有参与者和生产销售等活动的组织及其价值环节与利润分配。南京要围绕"两化融合""制造业与服务业融合"，加速形成从设计、产品开发、生产制造、营销、交货、消费、售后服务、最后循环利用等各种增值环节的"众包化"经济新形态。全所有制发展，强调所有制结构的非单一性和多样化组织形式。南京要加速完善产权和知识产权保护运用体系，推动国有企业混合所有制改革，健全社会信用体系，大力发展民营经济、混合经济。

"五G都市愿景"。所谓"5G"，分别是指：Global，全球的、全球性的、全球化的南京；Green，绿色的南京；Goodwill，有商业信誉与声誉的南京；Glamorous，迷人且文化魅力四射的南京；Governance，有效公共治理的南京。从城市愿景上，它直接衔接"现代化国际性人文绿都"的城市总定位（见图4—2）。

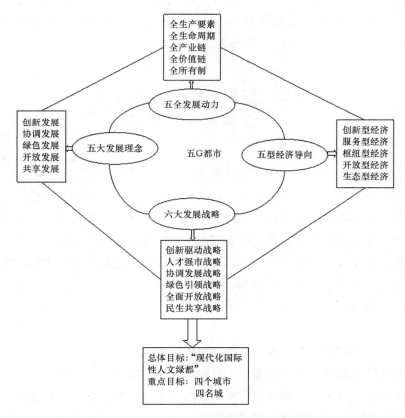

图4—2　"现代化国际性人文绿都"新内涵新战略闭环生态图

　　总体而言，"现代化国际性人文绿都"作为南京"十一五"以来面向2020年的发展总目标，内涵与定位在不断丰富和拓展。"十三五"作为南京全面建设小康社会与中国共产党第一个一百年目标的关键阶段，"现代化国际性人文绿都"这个总目标，需要放在新的历史时空背景下进行全新的解读和理解。特别是在"四个全面"

"五个新台阶""强富美高"和"十三五"规划"五大理念"的新的语境中，"现代化国际性人文绿都"的内涵、定位都要赋予新的历史内容和价值追求。在南京市委十三届十三次全会更是明确提出，南京要加快转变城市发展方式，努力推进具有南京特色的现代化特大城市建设，建设生态宜居、富有活力、智慧人文的现代化城市。作为对国家战略和规划的回应，"现代化国际性人文绿都"总定位的内涵进一步得到丰富和深化。

第二节　城市竞争力提升下人口发展的定位与目标

城市发展与人口结构是紧密联系的，一个城市的整体人口特质在很大程度上决定了该城市的特质与竞争力。因此，在城市发展过程中，必须充分考虑该城市的人口结构特征，进而做出适当的政策调整，推动城市综合竞争力的提升。我们将从理论维度梳理人口结构与城市竞争力之间的互动关系，并结合发达国家人口结构变迁下政策调整的实践，探析人口变动对南京城市综合竞争力影响，提出南京"十三五"人口发展的定位与目标。

一　人口结构变化与城市竞争力提升的互动关系[①]

在推进现代化的进程中，人口问题始终是我国面临的首要问题。作为世界上人口最多的发展中国家，我国在取得了举世瞩目的经济增长奇迹的同时，由于计划生育国策的实行，加上传统文化观念等诸多因素的影响，我国人口结构与城市经济社会发展的关系紧密相连。当前，我国正处在经济转轨、社会转型和人口结构变革的关键时期。如果人口问题不能得到有效的解决，人口与城市、经济、社会、资源、环境之间的关系将始终处于紧张状态，人口数量、素质、结构和分布等问题的相互交

---

① 该节大部分内容已由郑琼洁以"人口结构变化与城市竞争力提升的互动关系：理论基础与文献述评"为题发表于《南京邮电大学学报》（社会科学版）2014 年第 2 期。

织、相互影响将给城市带来巨大压力。因此，研究人口结构变化与城市竞争力提升对一个城市、地区的经济社会发展、政策制定、产业转型有着重要的意义。同样，作为特大都市的南京，也处于创新发展、转型发展、大力推进现代化的过程中，人口结构变动无不深刻地影响着城市综合竞争力的提升。[1]

（一）人口年龄结构与城市竞争力

人口年龄结构的变动对整个社会经济的影响是多方面、多层次、多维度的，既包括宏观层面（储蓄、消费、投资、经常项目差额等），也包括微观层面（子女抚养、家庭结构变化、老年赡养等）的影响。一个国家或一个城市的人口年龄结构与这个国家或城市的综合竞争力有着密切的关系。人口年龄结构及其变化既是以往人口自身及社会经济变化的反映，也是决定未来人口发展趋势和社会经济发展的重要制约因素。人口结构、年龄结构不仅与消费、投资、储蓄等相关，还对地区公共投资的规模与方向产生影响。此外，人口年龄结构变化还对就业结构、产业结构、社会稳定、家庭居住模式、养老模式等产生影响。在未来老龄化速度加快、程度加深的情况下，必须高度关注人口年龄结构变化对经济社会的各种可能冲击和影响。

（二）人口红利与城市竞争力

有关人口红利与城市经济社会的关系，诸多学者进行了探讨。一方面，人口红利对城市经济社会产生了影响。[2] 从人口红利的角度分析，目前中国人口结构对经济增长促进作用的人口红利是存在的，但呈现出人口红利即将消失的趋势。[3] 另一方面，一个城市良好的软环境对于人口红利有重要作用。[4] Bloom 和 Canning 等发现拉美国家也经历过与东亚国家相似的人口变化，却没能实现人口红利，就是源于他们不稳定的政

---

[1] 丰志勇、叶南客、周蜀秦：《人口结构变化与城市综合竞争力提升关系研究——以南京为例》，《南京邮电大学学报》（社会科学版）2014 年第 4 期。

[2] 钟水映、李魁：《人口红利与经济增长关系研究综述》，《人口与经济》2009 年第 2 期。

[3] 邹士年、李震海：《应对我国人口红利消失的挑战》，《宏观经济管理》2014 年第 12 期。

[4] 张琳盛、秀婷：《城市化对人口红利与经济增长关系的影响研究——基于面板门槛模型的实证分析》，《经济经纬》2015 年第 5 期。

治和经济环境。[1]

（三）人口文化结构与城市竞争力

同样，人口文化结构对城市竞争力有着积极的促进作用。人口受教育程度越高的城市，其竞争力越强，发展越快，因为拥有更高人力资本水平的城市能更多地享受知识的溢出效应。一个城市的人口文化结构越高，越能提高其吸收现有思想、创新及适应经济环境的能力，从而实现更快的成长。Denison 从人口教育角度考察了 1929—1973 年教育水平对美国国民收入的贡献率，发现教育对其国民收入增长率的贡献率达到23%。[2] 而且，工人受教育水平的提高使劳动力的平均质量提高0.97%。Maddison[3]、Benhabib 和 Spiegel[4] 对多国数据的分析也得出了教育对经济增长起重要作用的结论，从而进一步推动了人力资本理论的发展。连玉明的研究发现，投资人力资本对促进经济增长率是有效的。进而，他把人力资源列为影响中国城市竞争力的十个关键因素之一。[5]因此，人口文化结构对提升城市竞争力有着重要的作用。通过提升人口文化结构来提升人的创新能力，有利于城市资本优化、科技进步、产业优化和增强企业竞争力，从而促进城市竞争力的提升。

（四）人口产业结构与城市竞争力

在人口产业结构与城市竞争力方面，学者们主要集中在两个方面。一是城市竞争力如产业竞争力对人口就业产生影响。如 Marimon 等以欧洲 10 个国家 1974—1991 年的数据为例，研究产业结构对就业演变的影响，结果发现产业初始结构的差异能引起观察期就业水平的显著差异。[6] Toulemonde 以比利时 1974—1992 年的数据为例，定量分析区域产

---

① Bloom, D., Canning, D., & Sevilla, J., "The Effect of Health on Economic Growth: A Production Function Approach", *World Development*, Vol. 32, No. 1, 2004.

② Denison, E., *The Sources of Economic Growth in the United States and Alternatives before Us*, New York: Committee for Economic Development, 1962.

③ Maddison A., *Dynamic Forces of Capitalist Development*, Oxford: Oxford University Press, 1991.

④ Benhabib. J, Spiegel M. M., "The Role of Human Capital in Economic Development: Evidence from Aggregate Cross-country Data", *Journal of Monetary Economics*, Vol. 34, 1994.

⑤ 连玉明:《城市转型与城市竞争力》,《中国审计》2003 年第 2 期。

⑥ Marimon, R. and Zilibotti, F., "'Actual' versus 'Virtual' Employment in Europe—Is Spain Different?" *European Econmic Review*, Vol. 42, 1998.

业竞争力对就业变化的影响，结果发现比利时各地区就业差异主要由地
区竞争力引起。① 二是人口产业结构变化同样影响城市的经济社会，甚
至倒逼产业和制造业升级换代。李丽萍等以武汉市为例，研究表明武汉
市人口就业结构的变化与经济发展和产业结构演进的一般趋势一致。②
其中，第三产业的发展吸纳了第一、第二产业剩余劳动力，有利于城市
的经济发展。

（五）人口迁移与城市竞争力

对于一个家庭或个人来说，人口迁移活动可改变其经济条件和生活
环境，提高或降低其生活水平。而对于一个国家或者地区来说，人口迁
移活动可以影响人口的数量和质量，改变人口年龄结构和性别比例关
系，影响婚姻与生育率。而且，还可以改变人口数量和人口密度，影响
劳动供求关系，从而影响经济社会发展。目前，我国人口从农村迁移到
城市，产生了很多积极影响。第一，人口流动有利于城乡社会经济发
展。农村迁移人口为小城镇与城市居民提供了各种服务及廉价的劳动
力，推动了城市商业的繁荣。第二，人口流动有利于劳动力的合理配
置。农村劳动力回流即劳动力从城市向农村流动与迁移，有利于高新技
术人才的引进，可以合理解决城乡剩余劳动力，促进城乡统一劳动力市
场的建立。第三，人口流动有利于人口素质的提高和文化的创新。人口
迁移可以缓解人口年龄结构的老龄化进程，提高城市人口的素质，促进
城市房地产市场的发展，也可以给城市注入积极的因素，如竞争意识和
创新进取精神。

二 发达国家人口结构变化对中国的经验启示③

（一）适时调整产业结构，促进人口结构持续优化

发达国家产业结构不断向资本和知识密集型升级，实现产业结构服
务化、制造业内部高级化、服务业现代化和高端化，促进了人口规模、

① Toulemonde，E.，"'Actual' versus 'virtual' Employment in Belgium"，*Regional Studies*，Vol. 5，No. 6，2001.

② 李丽萍、黄薇：《武汉市产业结构的偏离度趋势》，《统计与决策》2006 年第 4 期。

③ 该部分内容已由郑琼洁、叶南客以"发达国家人口结构的演化及经验启示"为题发表于《南京邮电大学学报》（社会科学版）2014 年第 4 期。

人口素质和人口空间布局，合理配置不同产业领域的劳动力资源。因此，中国要适时调整产业结构，引领产业结构调整升级，将高新技术产业、战略性新兴产业和现代生产性服务业作为目标产业，借助人力资本这一中介变量对人口结构变化产生积极的影响，从而促进人口结构与产业结构的协调互动。

同时，按照产业结构演进升级的规律，劳动密集型产业将逐步被知识和技术密集型产业取代，劳动密集型产业的未来发展空间被进一步压缩。但是当前相对充裕的劳动力资源，为劳动密集型产业赢得了较大的缓冲空间。中国在大力发展知识和技术密集型产业的同时，不能完全舍弃劳动密集型产业，而是要对传统产业进行升级改造，以此夯实与人口结构变化相适应的产业基础。

（二）加快引进技术移民，保持人口年轻化、高素质化

发达国家人口老龄化程度加剧，仅仅依靠国内人口流动不能满足经济社会发展的需要。一个国家外国人口的比例或非本地出生人口的比例，不仅反映了该国人口的开放性、流动性和多样性，而且在一定程度上也体现了全球化经济对国家发展的影响。从发达国家数据看，人口年轻化和人口素质是一个国家创新的重要条件和保证，是支撑高知识产业发展、提升竞争力的关键因素。发达国家人口迁入以年轻劳动力为主，不仅填补了日益衰减的人口总量，缓减了人口老龄化，也有效地补充了青年劳动力。此外，主要处于生育旺盛期的年轻者的迁入，为这些国家带来了更多的新生人口，为提升长期低迷的生育率做出了贡献。较优惠的移民政策是发达国家竞争高质量劳动力的主要手段，尤其在吸引高技术移民所采取的政策值得中国借鉴。例如英国实行实用主义人才观，吸引已出研究成果的人才或者重金购买研究成果，并不以单一的学历来划定人才；法国宣布信息工程师不受移民法的限制；加拿大把移民和人才引进"视为解决国家目前经济问题的重要途径"，以其优美的环境、丰厚的社会福利和良好的社会治安吸引外来移民；日本推行"重金"招揽人才的方法，如通过购买、吞并外国企业或公司，将其人才揽入"囊"中。

（三）健全人力资本投资体系，实现人口素质稳步提升

人口素质的稳步提升是我国人口发展事业的最显著成就之一，对于

国民经济的持续健康发展和社会事业的进步，做出了巨大贡献。不过，由于我国经济社会发展水平同发达国家相比还有很大差距，加上人口素质基础相对薄弱，所以当前人口素质总体上仍然偏低，难以适应全面建设小康社会和基本实现现代化的需要，稳步提升人口素质将是相当长一段时期内，我国人口工作的核心任务。因此，必须高度重视与人的发展有关的各项工作，加快建立健全人力资本投资体系的步伐。

一方面，健全医疗保健服务体系，稳步提升人口的生理素质。特别是要深化医疗卫生体制改革，理顺医药企业关系和医患关系，提高医疗卫生服务效率；建立健全多层次医疗卫生保健服务体系，优化医疗卫生服务供给；加大医疗卫生保障体系投入力度，扩大城乡医疗卫生保障覆盖范围；推进优质医疗卫生资源的共建共享，提升医疗卫生资源的配置效率。

另一方面，完善综合教育体系，稳步提升人口的知识素质。例如全面提升学前教育的覆盖面和教育质量，着力培育特色化高中教育，强化发展职业教育，逐渐强化继续教育，鼓励各类从业人员积极参加多种形式的继续教育，以及优化教育资源配置效率，缩小教育水平的区域差距和城乡差距，促进教育机会公平和教育过程公平等。

（四）积极应对人口老龄化，促进人口长期均衡发展

2013年，全球一半以上的国家政府将人口老龄化问题作为当前的一个主要问题。[1] 一些国家出台强制性全面资助计划（Mandatory Fully Funded Schemes），一些国家则提高法定退休年龄，取消提前退休政策，减少社会福利，鼓励更多女性进入劳动力市场。根据联合国统计，全球有189个国家在过去五年内对法定退休年龄或养老金体系进行过修改。其中，有61个国家对法定退休年龄进行过修改，89个国家对养老金体系进行过修改，25%的国家对两者都进行过修改。

延长退休年龄，一是通过提高领取退休金的最低年龄来延长工作年限，如日本政府在2006年将领取养老金的最低年龄从60岁提高到65岁，法国在2011年将最低退休年龄从60岁提高到62岁，2007年德国

① 参见 World Population Policies 2013, http: //www. un. org/en/development/desa/population/publications/policy/world-population-policies – 2013. shtml。

政府规定从 2012 年起到 2029 年，将退休年龄从 65 岁提高到 67 岁。①
二是通过弹性退休年龄制度的设立，鼓励不同退休年龄的老人继续工
作。1991 年比利时首先采取弹性退休年龄政策，将退休年龄规定为
60—65 岁。② 英国于 2007 年实施养老金改革，在《养老金法案》中规
定了弹性退休制度，即"达到退休年龄的雇员可以申请推迟领取国家基
本养老金，但最多只可申请推迟 5 年，国家对申请推迟领取基本养老金
有鼓励政策，规定雇员每推迟 7 个星期领取，则其可领取的国家基本养
老金提高 1%，推迟一年大约可以增加 7.5%。如果推迟满 5 年，个人
国家基本养老金可以增加 38.3%"③。

发达国家建立了比较健全的社会保障制度，人口老龄化得到了较好
解决。近年来，养老金支付一直是英国最大的社会保障支出项目，占到
公共支出总额的 40% 左右，占 GDP 的 10%。社会保障是美国联邦政府
最大的项目开支，占总开支的 23%。2013 年，美国社会保障支出为 810
亿美元，远远超过第二大支出项目——国防，其支出为 650 亿美元。其
中，社会保障支出就包括老年和存活者保险（Old-Age and Survivors In-
surance，简称 OASI），即对 4700 万退休人员和幸存者花费 668 亿美元。
根据美国国会预算办公室的预测，到 2023 年，社会保障支出将飙升至
1.42 万亿美元，几乎是当年国防开支预算（7310 亿美元）的两倍。④

当然，相关调查表明，发达国家采取上述对策迄今为止并未取得预
期效果，但是在应对人口老龄化方面起到了一定作用，具有一定借鉴意
义。我国的退休年龄男性为 60 岁，女干部为 55 岁，而女职工为 50 岁，
远远低于世界平均退休年龄（男为 61.08 岁，女为 59.48 岁）。⑤ 由于
退休年龄较低，导致我国平均养老金受领时长远远高于世界平均水平。
因此，我国可借鉴发达国家的经验，统一女性职工的退休年龄为 55 岁，

① 王岱、刘旭、蔺雪芹：《发达国家应对人口老龄化的对策及对我国的启示》，《世界地理研究》2013 年第 3 期。
② 侯立平：《欧美养老保险改革及其启示》，西南财经大学出版社 2008 年版。
③ 胡云超：《英国社会养老制度改革研究》，法律出版社 2005 年版。
④ Congressional Budget Office. The Budget and Economic Outlook：Fiscal Years 2013 to 2023, February 2013.
⑤ 参见 Social Security Administration，https：//www.usa.gov/federal-agencies/social-security-administration。

然后逐步提高男女性的退休年龄，在此基础上，建立弹性退休制度，保证劳动者享受退休年龄选择的灵活性和自由性。

三　人口变动对南京城市综合竞争力的影响①

改革开放近 40 年来，中国经济之所以保持持续高速增长，其中一大原因与充沛的劳动力有关。而在各种发展因素中，人口因素是影响经济社会发展的基本因素。无论在总量上，还是在结构上，人口因素一旦发生趋势性改变，相应的经济社会政策就需要调整。

加入 WTO 后，中国的开放型经济得到了长足发展，已成为世界第一贸易大国，经济规模已上升到世界第二。这些成绩的取得，主要得益于中国强大的人口红利优势。但随着人口红利的递减，经济发展速度的放缓，我国经济发展开始由注重规模与速度向注重质量和效益转型。同时，东部沿海地区出现"用工荒"，大量传统制造业已向中西部地区转移，东部城市开始了以人口变动为特征的新一轮的转型升级和创新发展。

（一）人口变动影响城市竞争力提升的金字塔模型

当今的时代是以知识经济为驱动力、创新经济为引领的世界，人的因素成为社会发展的根本。人口与经济发展有着内在的、本质的联系。人口要素是影响社会与经济发展的重要因素，适度的人口规模、合理的人口结构与分布对城市转型发展、创新发展具有举足轻重的作用，而创新发展和转型发展是今后一段时期中国城市经济综合竞争力的体现。为此，我们构建了一个以人口要素为基本特征的城市综合竞争力模型，即以"三人"为基础的人口变动提升城市综合竞争力的金字塔模型。

金字塔最低层为人口要素，分为人口资源、人力资本、人才资质等三个方面。人口资源包括城市人口数量、结构及发展速度、人口城乡结构、人口产业结构等。人力资本指在一个国家或地区中，处于劳动年龄、未到劳动年龄和超过劳动年龄但具有劳动能力的人口之和，包括人口年龄结构、人口失业结构和职业结构。人才资质指人口在科学文化水

---

①　该部分内容已由丰志勇、叶南客、周蜀秦以"人口结构变化与城市综合竞争力提升关系研究——以南京为例"为题发表于《南京邮电大学学报》（社会科学版）2014 年第 4 期，内容略有调整。

平、生理、心理状态、劳动技能和意识等方面的质量。其标准是以生产力与科技文化的发展水平为依据。衡量一个国家或一个地区的人口文化素质的指标，主要是受各种教育的人口在总人口中的比重、科技研究人员的比重、劳动者的文化构成、职工技术等级构成等。

中间层为转型发展和创新发展两个主题，它们是影响我国城市综合竞争力走向的两个关键词。我国经济发展转型最核心的问题应是经济增长目标的转变，即怎样从以经济增长为主要目的转向以人的发展为主要目的。创新是人类社会进步的动力源泉，人类文明每一次重大进步都与科学技术的革命性突破密切相关。而创新归根结底是人的因素，人才是自主创新的根本基础。

最上层为城市综合竞争力的顶层目标。从底层人口变动推动中间层转型与创新发展，进而对城市综合竞争力产生重大影响。

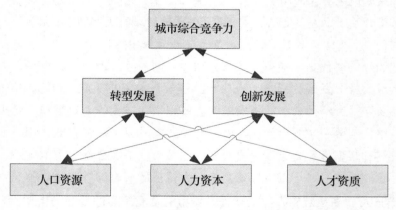

图4—3   "三人"金字塔模型

（二）人口变动对经济发展的作用

人口资源对经济增长的作用。人口资源对经济增长的作用主要体现在人口规模与经济增长相适应、相协调时，人口规模对经济增长起促进作用。一般来说，人口数量越大，劳动力供给规模也越大，人口规模效应越明显。同时，总人口中劳动年龄人口是社会再生产投入的主要要素之一。传统的要素投入可以分为资本和劳动力，这里所说的劳动力就是劳动适龄人口，也就是通常讲的劳动力红利。随着人口规模的扩大，劳动力投入量增加，在资本一定的情况下，劳动力投入增加越多，产出也相应地增加。根据2015年年度人口统计数据计算，15—64岁劳动年龄人口比重为73.01%[1]，比2005年提高1.81个百分点，劳动年龄人口的增长速度已超过人口总数的增长速度，促进了经济增长。此外，人口规模的扩张带动城镇基础建设的加快，教育、医疗卫生等配套设备不断完善，加速了城镇化进程，带动了经济发展。

人力资本对经济发展的贡献。人是经济社会发展中必不可少的一个要素。世界经济发展规律表明，适龄劳动人口是一个国家或城市经济快速发展的重要因素，发达国家的快速工业化、东亚经济的奇迹以及中国改革开放后的长足发展，都表明人力资本对促进经济发展起到了重要作用。尤其是在现代社会中，经济发展越来越依赖于人力资源。经济发展归根到底是人的活动，人为社会生产、管理服务等经济活动提供劳动，维持与推动经济活动的运行和发展，同时人又是消费者，消费促进了再生产，消费拉动了经济的发展。现代经济的发展实践表明，人力资本不仅是地区经济发展的前提，更是地区经济增长的重要源泉之一。因此，经济发展与人口资本之间需要一个协调的关系。《南京市2015年1%人口抽样调查主要数据公报》显示，全市常住人口中，0—14岁人口为84万人，占10.21%；15—64岁人口为651万人，占79.10%；65岁及以上人口为88万人，占10.69%。同2010年第六次全国人口普查相比，0—14岁人口的比重上升0.71个百分点，15—64岁人口的比重下降2.27个百分点，65岁及以上人口的比重上升1.56个百分点。[2]适龄劳动所占比重的下降，为南京市人力资本的提供、经济规模的扩大，以及城市综合竞争力的提升都将产生不利影响。因此，这就要求南京采取适当的人口发展政策。

人才资质对经济发展的拉动作用。人才对经济发展的拉动作用主要体现在人才资本对经济增长贡献率，即人才资本作为经济运行中的核心投入要素，通过其自身形成的递增收益和产生的外部溢出效应，

---

① 参见 http：//data. stats. gov. cn/easyquery. htm? cn = C01&zb = A0301&sj = 2015。

② 参见南京市统计局《南京市2015年1%人口抽样调查主要数据公报》，2016年7月29日（http：//www. nanjing. gov. cn/xxgk/bm/tjj/201607/t20160729_ 4056050. html）。

从而对经济增长所做出的贡献份额。随着我国人才强国战略的实施，人才在我国经济增长中发挥着越来越重要的作用。南京人才总量的持续增长，直接推动了 GDP 的高速增长。百万元 GDP 中使用的人才数量不断下降。2000 年创造百万元 GDP 所使用的人才数为 6. 10 人；2010 年创造百万元 GDP 所使用的人才数仅为 3. 36 人。到 2010 年，人才贡献率达到 35%。[1]

人口分布变化对经济发展的均衡作用。人口的地区分布，指的是人口在地理空间上的分布状态。一个时期的人口分布，除受区域之间人口自然增长差异的影响外，还受到人口流动的较大影响，与经济发达程度紧密相关。当经济分布出现集中趋势的时候，人口分布势必产生集中趋势，表现为人口逐步向经济发达的地区流动。经济越发达的城市，聚集的人口越多，人口密度越大。人均 GDP 较高的地区，人口密度也较高。同时，人口空间分布过度集中，带来了资源紧缺、生态环境破坏、住房交通拥挤等一系列负面效应，制约着经济的可持续发展。适度的人口分布对经济发展起到促进作用，过度的城市人口集中会制约经济的发展。南京主城区人口密度相对较高，不适合大量制造业的集中发展，产业逐渐向郊区转移。在产业与人口向郊区转移的趋势下，主城区人口分布将向均衡化方向发展，全市产业布局也将向协同化方向发展。

四　"十三五"南京人口发展的定位与目标

"十三五"是全面建成小康社会的决胜阶段，也是建设"强富美高"新南京的关键时期。基于人口发展对于城市发展和城市竞争力的重要意义，在加快建设"强富美高"新南京这一总体目标中，必须要对南京的人口发展有更加清晰的定位和目标。人口战略不仅关系到"十三五"发展这一短期目标，更直接关系到今后更长时间的城市发展。

目前，南京市面临人口增速呈现下降态势、老龄化和少子化趋势凸

---

[1]　《江苏南京市政府关于印发南京市"十二五"人才发展规划的通知》，2012 年 2 月 7日，南报网（http：//www. lm. gov. cn/TrainingSkillAccrenitaTion/content/2012 – 02/07/content_694359. htm）。

显、人力资源结构和人口空间布局有待优化等现实问题。[①] 这些问题都要求南京在"十三五"期间明确自身的人口发展定位并制定更加科学合理的人口发展目标。当然，在定位和制定发展目标的过程中，必须充分考虑时代环境的要求、南京自身的发展战略目标和南京当下的人口结构现实问题。具体而言，除了上述谈及的南京人口发展现状问题外，创新型、国际化的城市发展方向，以及"强富美高"新南京的城市发展定位，都是南京在制定人口发展目标时需要充分考量的。

从人口发展的定位看，要求其与"强富美高"新南京的发展总体目标相匹配。具体而言，"经济强、百姓富、环境美、社会文明程度高"这一目标，要求南京的人口结构必须充满活力、素质高，而且在人口发展中能够让其共享经济发展成果。因此，可以将南京的人口发展目标定位于"高、活、均、富"。所谓"高"，意指人口素质高，高素质人才对于经济发展和社会文明的推动具有明显的作用。所谓"活"，则是指人口结构充满活力。在目前南京已经面临人口刘易斯拐点的现实状况下，通过人口结构供给侧改革方式，重新激发人口结构活力，这对于维持南京竞争力的意义重大。再者是"均"，一方面是指人力资源结构的均衡化，另一方面是居住空间的均衡化。最后是"富"，这要求南京能够提供给居民以富余而有尊严的生活，它既是"共享发展"的时代要求，也是留住人才、维持自身竞争力的现实要求。

在这一定位下，南京的人口发展目标应该包括如下三个方面。一是调控和优化人口发展路径，包括实施均衡发展战略，增强人口集聚能力和实施差异化的区域人口发展政策等。[②] 二是推动人口供给侧改革，强化人口保障。一方面，通过落实"全面二孩"政策，为南京未来的经济社会发展积累人口红利；另一方面，则应增强南京的吸引力，集聚年轻优质的人力资源。三是坚持以人为本，保障和改善民生。具体包括提升民生保障水平，推进健康南京建设，改进社会治理，满足民众需

---

① 王国夫等：《南京人口变动趋势与发展对策研究》，南京市政府办公厅《政府系统优秀调研成果汇编（2016年度）》，2017年。

② 同上。

求①，以此来提升居民的满意度，并增加南京的人才吸引能力。

第三节　后青奥时代南京国际化发展的
战略定位

南京在进行战略定位的过程中，除了要考虑当下人口结构的现实问题外，也应该充分认识和利用自身的优势条件。2014 年南京青奥会的成功举办，让世界更进一步认识和了解了南京，也为南京的国际化创造了有利条件。因此，在南京的战略发展中，应结合全球经济"再平衡"下新兴经济体城市崛起这一大环境和自身的优势条件，进而顺利开启后青奥时代，推动南京加速走向创新化和国际化。

一　全球经济"再平衡"与中国城市的崛起

（一）全球经济"再平衡"与"新兴市场城市"的作用

在城市网络节点的区域分布上，以往欧美世界城市占据着绝对的核心地位。2008 年金融危机前后，亚太地区、新兴经济体力量的整体迅速崛起，成为世界经济发展的重要趋势。这些被称为"新兴市场城市"（emerging-market cities）的城市群体，成为世界城市网络不断扩展的重要推动力量。② 新兴市场城市的崛起，一方面引起了各界的关注，反映出其重要性的提升；另一方面也折射出后危机时代全球经济格局出现了巨大的变化。

这一变化可以从 ATKearney 最新发布的 *Global Cities 2016* 窥见一斑。该报告从"全球城市指数"（Global Cities Index）和"全球城市展望"（Global Cities Outlook）两个维度对全球前 125 个最大和最有影响力的城市进行排名。其中，"全球城市指数"主要考察其商业行为、人力资本、信息交换、文化实力以及政治影响力；"全球城市展望"主要考察

---

① 参见《吴政隆在南京市第十四次党代会上报告公布》，《南京日报》2016 年 11 月 9 日（http：//www.jstv.com/s/20161109/1478653891998.shtml）。

② 苏宁、王旭：《金融危机后世界城市网络的变化与新趋势》，《南京社会科学》2011 年第 8 期。

个人生活质量、经济水平、创新和治理。在排名前 10 位的城市中，东京、中国香港、新加坡和北京等四个城市来自亚太区域，约占据半壁江山。[①]

从前述世界城市等级体系的指数排名上看，近些年来，北京、上海、莫斯科、孟买等新兴经济体城市的排名具有很大程度的提升。而作为一个整体，新兴经济体城市的全面崛起，更成为未来全球经济向纵深发展的重要契机。世界知名的商业战略咨询机构波士顿咨询集团（Boston Consulting Group）于 2010 年 9 月发布报告，对新兴市场国家的城市进行评估。该报告的结论认为，新兴市场国家的城市将成为未来全球最大的发展机遇所在地。报告指出，新兴市场城市在 2015 年将构成全球私人消费的 30%，私人消费增长率将以 11% 的年均速度持续增长。该机构预测，这些城市的基础建设投资在未来 20 年中将达到 30 万—40 万亿美元之巨。[②] 新兴市场城市被视为世界经济发展的重要推动力量。

（二）亚太地区城市日益重要与中国城市的崛起

近年来，世界城市网络的规模与作用力在持续扩大，构成网络节点的城市个体的数量、国别、区域属性也在发生着变化。这种变化不仅影响着世界城市网络的规模大小与影响范围，也意味着网络所承载的全球化要素的流动深度与方向发生重要变化。这种变化在危机后依然持续，这也从空间投射层面显示出经济全球化力量的区域走向。大体而言，就是全球经济力量的逐渐扩大化并向亚太地区流动。按照麦肯锡的全球城市发展态势预测，从地域区分来看，未来十年（约 2025 年），北美洲与亚洲的经济总量势均力敌，欧洲"中间崛起"，世界经济发展呈现平衡态势。[③] 而到 2038 年前后，世界的城市重心将转移到中国和亚太地区，亚太地区城市将日益成为世界城市网络的重要核心。

当然，经济重心的逐渐转移过程，也是中国城市崛起的过程。麦肯锡全球研究院在 2008 年发布的《迎接中国十亿城市大军》的预测报告

---

① ATKearney, *Global Cities 2016*。

② 梁彩恒、唐旭：《波士顿咨询公司：全球最大商业机遇来自新兴市场城市》，2010 年 9 月 14 日，新民网（http://news.xinmin.cn/rollnews/2010/09/14/6830769.html#p=1）。

③ 丁雯：《麦肯锡"全球城市 600"研究预测 2025 年武汉经济增长量位居全球 11 位》，2014 年 9 月 26 日，荆楚网（http://news.hexun.com/2014-09-26/168877497.html）。

中就指出，到 2025 年，中国的城市居民将达到约 10 亿人口。中国将出现 221 座百万以上人口的城市，其中将有 23 座五百万以上人口的城市。① 届时，中国城市将崛起成为一支重要的全球市场，以南京为代表的一批区域中心城市，将进入全球城市的节点位置。

二　奥运大事件对城市国际化的"加速效应"

南京是继北京之后的中国第二个奥运城市。北京通过 2008 年的奥运会，在展示国家实力、重塑国家形象的同时，也使北京城市的国际化战略得到了实施，提升了国际化大都市的服务功能，同时也坚定了北京在 2050 年前后成为"世界城市"的目标。

南京青奥会在展现了中国梦、青春梦和世界梦融合的同时，也更多地体现了南京城市和江苏省的"地方实力"，即想通过世界青年奥林匹克赛事来让世界认识、了解南京，加快南京的国际化进程。南京作为长三角的重要区域中心城市、特大城市、中国最发达省份之一的省会城市，地处高度开放和国际化的前沿地区，理应进入全球城市网络，在亚太地区和国家层面上承担更多的经济、文化、教育等方面的职能。2009年，南京决定申办青奥会，就是出于城市发展的国际化大战略来考虑的。南京不仅按照国际奥委会的要求，提供了高标准的赛会场地及配套设施，同时按照国际化、现代化的标准，来完善城市功能。在产业升级、交通体系建设、生态修复、绿色可持续等方面，南京取得了重要进展。青奥会的成功举办和城市服务的超水准，验证了南京的国际化实力和综合服务能力，表明南京已可以和北京、上海、广州等国内一线城市一样，具有参与全球事务活动的综合实力。以青奥会的成功举办为起点，南京需要重新认识自身的城市发展定位，尤其是要全面、理性审视现有的国际化发展战略，从对历史负责、对国家负责，也是对世界负责的高度，拟定好超长期的南京城市发展战略目标和实现的路径。

按照世界奥林匹克赛事举办的周期律，一般是 30 年的轮回，伦敦、东京等基本如此。对于中国来说，基础设施的优势、大型赛会的举办能力以及人才保障，这个周期会缩短。2008 年夏奥会之后，北京与张家

---

① 麦肯锡全球研究院：《迎接中国十亿城市大军》，2008 年 3 月。

口联合申办了 2022 年冬奥会。假如按照 30 年的轮回，在 2040 年前后，中国将可以再次获得夏季奥运会的举办权。届时除了北京、上海之外，不仅在大型赛会举办能力上，而且作为国内仅有的两个奥林匹克城市之一（另一个为北京），相比其他中国城市最有条件承办的就是南京了。国际奥委会主席巴赫在 2014 年青奥会上就向全球宣布，南京具备了承办任何国际赛事的能力，当然包括奥运会。这表明，南京是可以探讨在 2040 年前后成为再次代表中国申办夏季奥林匹克运动会城市的可能性，进而可实现成为世界级城市的目标。

三 全球典型奥运城市的国际化发展

为了更好地认识著名奥运城市在奥运遗产运作上的成功经验与具体方式，以期为南京在后奥运期的发展定位与目标提供借鉴，我们对伦敦、悉尼、东京和北京四个著名的奥运城市展开典型案例分析。

（一）伦敦："可持续发展"与"均衡发展"的精准定位

伦敦是唯一成功获得三次奥运主办权的"奥运大国"。1908 年的伦敦奥运会，建起了最早的奥林匹克建筑——白城体育场，成为奥林匹克城市化建设中的一个重要里程碑。1948 年的奥运会，是二战后举行的首届运动会，是奥林匹克运动的新起点。2012 年伦敦奥运会更进一步地提出了要构建史上最"绿"奥运的口号和目标，并承诺要让"可持续发展"原则贯穿奥运整体流程。①

（1）超前制定"奥运遗产规划"的首个城市。在获得了 2012 年夏季奥运会承办权后，英国充分吸取历届奥运会和残奥会举办的经验教训，在 2007 年 6 月出台的《承诺 2012》的基础上，首次出台《政府奥运执行遗产行动规划——在前期、中期和后期最大限度地利用伦敦 2012 年奥运会》（*Government Olympic Executive Legacy Action Plan-Before, during and after: Making the Most of the London 2012 Games*）和《伦敦 2012 残疾人奥运会遗产规划》（*London* 2012 *A Legacy for Disabled People*）。同时，为了加强前期的规划指导，伦敦奥组委联合英国易道公司

---

① 康盈：《基于"可持续发展"的伦敦奥运规划与实施探讨》，载《多元与包容——2012 中国城市规划年会》论文集，2012 年。

联合会、奥雅纳、阿特金斯事务所、HOK 建筑师事务所等全球顶级规划建筑设计机构，针对奥运主体场馆及奥运公园的规划选址展开论证，并编制《2012 年伦敦奥运遗产总体规划框架》。伦敦成为首个在奥运会之前颁布遗产规划的举办城市，其奥运遗产规划也被国际奥委会喻为未来奥运会的"蓝图"。通过前期的遗产规划，不仅缓解了国内出现的主要社会问题，更为伦敦留下了可持续利用的奥运遗产。①

（2）推动伦敦东区成功"复兴"。伦敦在 2003 年申办 2012 年奥运会时，就明确提出要把奥运会与当地的城市复兴目标结合起来，推动"均衡发展"，这一基本理念成为伦敦赢得最终主办权的重要原因。与很多世界大城市一样，伦敦亦存在明显的区域发展不平衡现象，主要表现为"西富东穷"。作为长远战略规划的部分，伦敦将主要奥运场馆建在了东部地区的斯特拉特福德，开发的重点是建立以滨水空间为代表的开放空间，结合基础设施的投入，将这个长年贫困和落后的地区发展成具有混合功能的地区。一方面，通过居住、办公和休闲等设施的投入，以满足投资者和经济增长的要求，创立新的就业机会；另一方面，以公共开放空间为核心结合一部分社会住宅建设，构建更加稳定的社会关系网络。其中最有名的是伦敦东部道克兰码头区的改造，通过政府的坚定支持，以及大规模基础设施的投入，该地区的金丝雀码头逐渐发展成世界级的金融服务区，由此推动了东区的经济发展和成功"复兴"②。

（二）东京："东京奥林匹克景气"造就繁荣

日本作为第二次世界大战的战败国，20 世纪 50 年代国力窘迫，民不聊生。利用 1964 年东京奥运会举办的契机，东京政府把举办奥运会作为国家事业，纳入《国民收入倍增计划》，成功实现了经济转型。东京奥运会是日本实现战后经济复兴、跻身世界发达国家的一个重要标志。③ 2013 年 9 月，东京又获得了 2020 年第 32 届夏季奥林匹克运动会

① 康盈：《基于"可持续发展"的伦敦奥运规划与实施探讨》，载《多元与包容——2012 中国城市规划年会》论文集，2012 年。
② 杨奕萍：《伦敦奥运：一个可持续政策的承诺——访伦敦市长办公室驻北京首席代表刘桐渤》，《环境经济》2012 年第 7 期。
③ 新世纪周刊：《1964 东京奥运会：留下传说的一次奥运会》，2008 年 4 月 8 日（http：//news. 163. com/08/0408/08/490D390E00011248. html）。

举办权，成为亚洲第一个，也是继巴黎、伦敦、洛杉矶、雅典之后的世界第五个至少两次举办夏季奥运会的城市。

1. 基础设施建设的突飞猛进

1964年10月10日，奥运会首次在亚洲国家举行。东京和日本政府充分利用这次机会，改善城市基础设施，并加速了原有的十年发展规划。1964年，东京花了接近27亿美元（相当于1965年GNP的3.2%），其中仅有很少一部分（不到3%）用于纯粹的与比赛相关的场馆建设，大多数被投资于满足城市短期和长期的发展需要，主要用于城市交通和市政建设的更新计划，包括全面的道路改进、港口扩建、城市便利设施的开发、住房、游客住宿、废物和污水处理系统。计划的核心是建成交叉往来于整个城市的多层级运输网络，包括八条新的高速公路、73千米的地铁、13.2千米的单轨铁路和500千米连接东京、京都和大阪的新干线。其中最好的代表无疑是新干线，东京—大阪的"东海道新干线"带动了东京地铁的快速发展。同时，新大谷饭店、霞谷大楼等高大建筑犹如雨后春笋拔地而起，使大城市跨进了修建高层建筑的时代，东京周边的交通和市政建设也达到前所未有的高度。而且，时至今日，东京地铁、新干线都还发挥着重要作用。

2. 创造了诸多的科技"第一"

东京奥运会被看作奥运史上的一个里程碑，同时也带动了日本科技的快速发展。它不仅以94个国家和地区参加比赛创造了新的纪录，还创造了诸多的科技第一，带动了"科技奥运"的发展。包括第一次使用电子计算机和电动计时装置协助裁判工作；第一次将比赛结果存入计算机，这也标志了奥运会进入"电子计算机时代"；第一次为参加奥运会报道的记者修建记者村；第一次使用卫星向世界各地转播比赛实况。此次奥运会借用美国"辛科姆"卫星，大大扩展了奥运会的影响，使观众从数以10万计增加到数以亿计，具有划时代的意义。① 随后是更为重要的科技计划——能源。对于推进太阳能发电的商业应用，日本是最为积极的国家。从1994年起，日本就在全国范围内推广太阳能使用补助奖励办法，如今20多年的时间过去，日本希望借这次奥运会进一步

① 佚名：《奥运会对承办国经济发展影响巨大》，《商业经理人》2001年第12期。

推广太阳能的使用。据悉，日本新建成的奥运会主馆将有 1/4 的供电来自太阳能电池。

（三）悉尼："最好的一届"奥运营销

2000 年悉尼奥运会和残奥会被普遍认为是一届成功的奥运会，并被当时国际奥委会主席萨马兰奇称为"最好的一届"。作为"最赚钱和最绿色的奥运会"，它强调人文价值，关注生态环境，并进行合理的商业开发，将奥运会的举办推进到一个新阶段，在许多方面为后来的举办者树立了标准。

1. 重视环境保护工作

"美丽悉尼，绿色奥运"，这是当初悉尼申办 2000 年奥运会主办权时打出的宣传口号。奥运会结束后，被国际奥委会体育与环境委员会主席波尔·施密特评价为"历届奥运会中环境保护工作做得最好的一届"。悉尼奥运会在环境方面所做的努力有目共睹，其中包括各种围绕"绿色"展开的创新理念，如能源和水节约、防止废物产生及将废物降到最低、水和土壤质量和有代表性的自然与文化环境的保护等。它广泛利用了太阳能、雨水和自然通风，体育场馆等建构筑物及其工程设备都带有节能、环保特征。澳大利亚体育场利用特大型通风井、阶梯和自动梯的空间达到自然通风；奥运场馆、奥运村使用了全球最大的太阳能处理发电设备，许多体育馆能够自行发电并且还让超额的功率直接转入国家电力网；整个悉尼奥运村的建设废物利用率达到 94%，并且最终避免了 77% 的废物进入掩埋式垃圾处理场；通过废物再利用循环系统，奥运村和奥运场馆的建筑废物减少了 92%。环境保护和可持续利用的理念贯穿于悉尼筹办奥运的全过程，这对以后奥运会的承办城市及各地建造体育设施都有可供借鉴之处。①

2. 及时优化城市规划战略

在经济全球化、气候暖化、资源短缺等背景下，2008 年 5 月，悉尼市政府公布了《可永续的悉尼 2030 策略规划》意见征询最终草案，在征求社会各界意见后，形成最终的策略规划。《悉尼 2030 战略规划》从区域及国际城市竞争激烈、文化及教育机构有限、人口老龄化、住房

---

① 何永：《悉尼的绿色奥运》，《北京规划建设》2001 年第 2 期。

可负担程度下降、交通拥堵等问题出发，提出悉尼市未来发展的三个方向：绿色悉尼、全球化悉尼、高度连通的悉尼，并制订具体的策略方案来保证它们的实施。同时提出扩大财务规划，设立监控和检讨计划，发布实施报告、行动计划等后续成果，确保规划实施。①

（四）北京：场馆转型运用的成功探索

2008 年 8 月 8 日，第 29 届夏季奥运会在北京隆重开幕。正如国际奥委会的报告曾指出，奥运会不是单一文化的，而是多文化和跨文化的。作为一座具有三千余年建城史和八百余年建都史的文化古城，在中国北京举办奥运会，意味着源于西方的奥林匹克文化与中国文化的充分交流和融合。

1. 建立跨省区区域环保合作机制

2001 年开始，为了履行申奥时做出的空气质量承诺，北京市政府以强有力的应急动员模式开展了大规模环境整治行动，不惜承担巨大代价，加大治理力度。一方面，对内不断淘汰落后生产力，调整能源结构，控制机动车污染，防治扬尘污染等。另一方面，对外，北京市在中央政府的支持下克服了平时难以克服的协调困难，与周边省区市建立了环保合作机制，为奥运后的区域环境合作治理奠定了良好的基础。②

2. 奥运场馆后续利用出色

北京奥运场馆力求通过实现科技、务实与环保三个方面的和谐统一，将其转变为宝贵遗产。"鸟巢"更是凭借其高超的工艺被美国《时代》周刊列为"2007 世界十大建筑奇迹"之一。③ 不仅如此，北京更加重视后奥运时期场馆的可持续利用。正如时任北京奥组委主席刘淇在纪念北京奥运会、残奥会一周年的大会上所宣布的："北京市高度重视奥运场馆的赛后利用和运营，在建设初期，就从整体布局、市民需求、社区配套和市场运营等方面进行了充分考虑和统一规划。"奥运会后，

①　参见 Sustainable Sydney 2030，http：//www. cityofsydney. nsw. gov. au/vision/sustainable-sydney－2030。

②　刘新宇：《北京奥运的环保遗产传承》，《环境经济》2012 年第 7 期。

③　参见中国经济网《〈时代〉评出年度十大建筑奇迹 鸟巢入选》，2007 年 12 月 17 日（http：//www. ce. cn/xwzx/gnsz/gntu/200712/17/t20071217＿13947244. shtml）。

鸟巢、水立方已经成为北京的新地标和最富吸引力的旅游景点。2009年，在网友选出的60家北京景区中，鸟巢超过八达岭长城和故宫，跃居首位。在鸟巢、水立方举办的一系列高水平商演和赛事，不断为市民的精神文化生活增添了令人兴奋的亮点。① 此外，建在北京高校的奥运场馆，赛后也如期成为大学生体育文化活动中心，满足了广大青少年参加体育运动、开展大型活动的需求。

四　南京城市国际化历程与后青奥时代开启

如果追溯到近代，可以说南京是中国城市国际化的起点。1842年《南京条约》的签订，中国开始向世界开放门户。1858年南京正式开埠，加速了城市的近代化进程。1912年中华民国成立后，特别是1927年国民政府定都南京后，为了向国际化大都市看齐，1928年定南京为特别市，1月成立首都建设委员会，聘请了不少西方学者来着手国都规划，下设"国都设计技术专员办事处"。1929年12月，《首都计划》正式由国民政府公布。《首都计划》是南京在民国时期编制的最完整的一部城市规划，这部80多年前的城市规划，以其现代化、国际化的城市设计理念，为今天的南京城打下了"大都市"的框架。

在中华人民共和国成立后近30年的时间里，受到国际政治经济格局的宏观影响，南京处于内源性发展阶段，直到改革开放后，当代南京城市国际化的进程再度启动。早在"八五"时期，南京就在国内很早地定位于建设国际化大都市。"十五"计划时，定位为科学技术先导、古都与江滨特色鲜明、国际影响较大的现代化城市。自"十一五"以来，建设"现代化国际性人文绿都"成为南京城市国际化发展的核心战略。

"十二五"期间，围绕加快城市国际化进程，南京专门制定实施了《南京市加快推进城市国际化行动纲要（2012—2015年）》②，提出"三步走"，并明确了时间节点。到2014年，以办成精彩圆满的青奥会为标

---

① 《后奥运场馆的中国式经营》，2010年9月7日，凤凰网（http：//sports. ifeng. com/zonghe/detail_ 2010_ 09/07/2452874_ 0. shtml）。

② 参见《中共南京市委　南京市人民政府关于印发〈加快推进城市国际化行动纲要（2012—2015年）〉的通知》，《南京市人民政府公报》2012年第9期。

志，实现南京国际化水平的显著跃升；到 2015 年，以率先基本实现现
代化为标志，实现人均 GDP 等重要指标达到世界中等发达国家水平，
全市年实际利用外资超过 70 亿美元，培育本土国际知名跨国公司三家
以上；到 2020 年，以打造世界软件名城、科教名城、历史文化名城和
体育名城，建成"现代化国际性人文绿都"为标志，初步形成较为完
善的国际化城市功能架构，推动南京跻身区域性国际城市行列，如表
4—1所示。

表 4—1　　　　近代以来南京的城市国际化战略进程演变

时间	事件	内容
1842 年	《南京条约》签订	中国开放首批五个通商口岸，是为门户开放之起点，开启南京城市近代化进程
1858 年	《天津条约》签订	南京开埠，是为南京城市近代开放的元年
1912—1926 年	《建国方略》及一系列南京市政建设计划的实施	南京"位置乃在一美善之地区，其地有高山，有深水，有平原，此三种天工，钟毓一处，在世界之大都市诚难觅此佳境也"，"南京将来之发达，未可限量也"。1919 年的《南京新建设计划》、1920 年的《南京北城区发展计划》、1926 年的《南京市政计划》
1927—1949 年	《首都计划》的编制与实施① 1927 年国民政府定都南京，1928 年定南京为特别市，1 月成立首都建设委员会，着手国都规划建设，下设"国都设计技术专员办事处"	国民政府本着"用材于外"的原则，聘请美国建筑师墨菲和工程师古力治"使主其事"，聘请吕彦直建筑师等国内专家相助。1929 年 12 月，《首都计划》正式由国民政府公布。《首都计划》是南京在民国时期编制的最完整的一部城市规划。《首都计划》的指导思想：提出"本诸欧美科学之原则""吾国美术之优点"作为规划的指导方针，宏观上采纳欧美规划模式，微观上采用中国传统形式，在规划理论及方法上开中国现代城市规划实践之先河。1930—1937 年的《首都计划的调整计划》和 1947 年的《南京市都市计划大纲》

① 付启元、卢丽菊：《1929 年的〈首都计划〉与南京》，《档案与建设》2009 年第 10 期。

时间	事件	内容
1949—1978 年	"一五"末开始，中央明确"发展中小城市，控制发展大城市"	以苏联城市规划的理论、方法和布局形式进行规划。三年国民经济困难时期，国家计委提出三年不搞规划，下放精减规划人员和机构，以致造成这一时期内城市建设布局混乱。1974 年重设规划处，1975 年编制《南京城市轮廓规划》
1978—1989 年	编制实施《南京城市总体规划（1981—2000)》	国务院提出"要严格按照批准的城市总体规划进行建设和改造，使南京这座历史文化名城成为经济繁荣、文教科技事业发达、环境优美、有古都特色的社会主义现代化城市"。城市性质经国务院批准确定为：著名古都，江苏省的政治、经济、文化中心
1990—2005 年	编制实施《南京城市总体规划（1991—2010)》	远期目标：进一步加快城市现代化进程，使南京在2010 年前后达到世界中等发达国家同类城市水平，成为我国高度现代化的重要科技、教育基地和高新技术产业基地，重要的外贸口岸和长江中下游地区重要的金融、贸易、信息中心； 远景目标：以建设国际化大都市为长远奋斗目标，促进和加快城市建设步伐。21 世纪中叶跻身世界发达城市行列。把南京建设成为经济发达、环境优美，融古都风貌和现代文明于一体的江滨城市
2006—2011 年	南京第十二届党代会与新一轮总体规划编制	南京第十二届党代会城市发展定位：把南京建设成为经济发展更具活力、文化特色更加鲜明、人居环境更为优美、社会更加和谐安定的"现代化国际性人文绿都"； 《南京城市总体规划（2007—2030)》的城市发展目标为经济发展更具活力、文化特色更加鲜明、人居环境更为优美、社会更加和谐安定的"现代化国际性人文绿都"，到 2015 年前后，基本实现现代化；2030 年前后城市国际化水平显著提高；远景跻身世界发达城市行列

时间	事件	内容
2011—2014 年	南京第十二届党代会与《南京市加快推进城市国际化行动纲要（2012—2015 年)》	通过两三年的奋斗，成功办好 2013 年亚洲青年运动会和 2014 年青年奥林匹克运动会，把河西新城区建设成为现代化城市新中心，把南京建设成为国家创新型城市、国家生态（园林、森林）城市和亚洲体育中心城市； 通过五年的奋斗，把南京打造成为独具魅力的人文都市、绿色都市、幸福都市，独具特色的中国人才与创业创新名城、软件与新兴产业名城、航运（空）与综合枢纽名城……为到 2020 年建成"现代化国际性人文绿都"奠定具有决定性意义的坚实基础
2014—2049 年	青奥会与后青奥时代	紧扣十八大"两个一百年"奋斗目标，围绕《首都计划》一百年（2029）、南京解放一百年（2049）等主要时间节点，从世界奥林匹克之都、全球创新中心、世界健康名城、世界青年之都等领域，探讨后青奥南京城市国际化的战略思路

2014 年南京青奥会的申办，对于推动南京城市国际化进程具有里程碑式的时空意义。作为南京当代史上最具时代意义的全球大事件，从"申奥"到"办奥"方方面面的努力和探索，南京青奥会创造了巨大的信息积累和知识价值。青奥会的举办，全面释放出对于南京、中国乃至世界的重要时代意义和历史与未来的价值。对于南京而言，青奥会不仅是开启"十三五"的时间点，更是点燃城市百年梦想、让城市文化和气场涅槃重生的时空坐标。而南京青奥会后的未来 10—20 年，是实现十八大提出的"两个一百年"奋斗目标的最关键阶段。受 2014 年南京青奥会影响的这一代青年人，将在未来 10—20 年的时间里成为南京、中国、世界发展的中坚力量。他们遵循的核心价值体系以及实践行动，将是深度促进中国梦与青春梦、世界梦融合的关键。

有鉴于此，我们将后青奥南京城市国际化的研究，放置到一个更大的历史周期和时代背景中，围绕"两个一百年"奋斗目标，结合"十三五"、《首都计划》一百年（2029—2030）等主要时间节点，从奥林匹克城市特色、国际化的创业创新、国际化服务功能体系、世界健康名城与世界青年文化名城打造、"十三五"江北新区建设等概念领域入手，探讨后青奥长周期的南京城市国际化的战略思路。

依据南京城市的国际化演进趋势，借助后青奥时代高度开放的奥林匹克特色城市战略的实施，南京未来的城市国际化目标，应该做如下设定。

2015 年：建成亚洲体育中心城市；

2020—2021 年：跻身世界体育名城；

2029 年："首都计划"百年，建成国际奥林匹克特色城市；

2030 年：建成"现代化国际性人文绿都"；

2036—2040 年：全面具备国际化大都市的服务能力与水平，探讨申办夏季奥林匹克运动会的可行性；

2044—2049 年：成为具有全球影响力的文化意义上的世界城市，力争在此前后成功申办、举办夏季奥林匹克运动会。

基于上述的国际化战略定位与目标设定，南京应借鉴北京后奥运发展的组织保障经验，在组织机制上，建议尽快成立南京奥运发展促进会，成立南京奥运促进中心，组建青奥基金会，尽快组建奥运产业集团，构建市场开发主体，深度挖掘后奥运资源，以实现青奥遗产在南京城市国际化进程中的持续深化和功能发挥。

第四节　南京"十三五"发展的战略目标

所谓战略，意指统领性、全局性、左右胜败的谋略、方案和对策，是一定历史时期指导全局的方略，对于一定时期的具体发展方向具有极为重要的影响。故而，在南京"十三五"发展期间，首先需要明确自身的战略目标。南京市"十三五"发展战略目标的确立，一方面可以借鉴国内外其他城市的成功经验，另一方面也需要立足自身的优劣条件及所处的环境，进而提出最优化的战略目标。并在此基础上，明晰发展的概念定位和主要标志。

一 国内外一线城市"十三五"规划目标

他山之石，可以攻玉。南京在进行发展规划中，可以充分地借鉴和参考国内外一线城市的规划思想，继而提出符合自身城市定位的战略目标。在国内城市选取上，本书选择地处东南西北的北京、上海、重庆和深圳四个一线城市，对其面向"十三五"的规划目标进行梳理。

（一）北京市"十三五"规划目标

北京作为首都和政治中心，强调落实习近平总书记视察北京重要讲话精神，与京津冀协同发展等战略对接，建设国际一流的和谐宜居之都，其提出了首都"四个中心"定位和"一个之都"目标。2014年2月26日，习近平总书记视察北京并发表重要讲话，明确了北京作为"全国政治中心、文化中心、国际交往中心、科技创新中心"的战略定位，提出了"建设国际一流的和谐宜居之都"的目标。2017年6月27日，习近平总书记主持中央政治局常委会会议，专题听取《北京城市总体规划（2016—2030年）》编制工作的汇报，并发表重要讲话。习近平总书记强调编制好北京城市总规对疏解非首都功能、治理"大城市病"、提高城市发展水平与民生保障服务的重要性，强调北京城市总规最根本的是解决好"建设一个什么样的首都，怎样建设首都"这个重大问题；把握好"舍"和"得"的辩证关系，紧紧抓住疏解北京非首都功能这个"牛鼻子"，优化城市功能和空间结构布局；加强精细化管理，构建超大城市有效治理体系；坚决维护规划的严肃性和权威性，以钉钉子精神抓好贯彻落实。①

（二）上海市"十三五"规划目标

上海目前有2020、2040和2050三个规划，分别是《十三五规划思路研究（2016—2020）》、《上海城市总体规划修编（2021—2040）》以及《上海城市发展（2020—2050）》，即面向未来30年的上海发展战略研究"。面向2020年的规划，即为"十三五"规划。上海"十三五"时期的发展总体目标是：到2020年，基本建成与我国经济实力和国际

① 参见《传达学习贯彻习近平总书记对北京城市总体规划重要讲话精神》，《北京日报》2017年7月3日（http://http://bjrb.bjd.com.cn/html/2017-07/03/content_145826.htm）。

地位相适应、具有全球资源配置能力的国际经济、金融、贸易、航运中心和社会主义现代化国际大都市；建设具有全球影响力的科技创新中心取得重大进展；基本建成具有较强文化软实力的国际文化大都市；基本形成比较完善的市场化、国际化、法制化营商环境；全面建成具有较高水平的小康社会。其具体目标为全球资源配置能力显著提高，重点领域改革取得决定性成果，经济转型升级取得重大突破，科技创新中心建设在某些领域达到国际领先水平，城市文化软实力明显增强，人民生活水平和公共服务质量全面提高，现代化城市治理水平显著提升，生态文明建设取得显著成效。

（三）重庆市"十三五"规划目标

重庆地处西部，作为内陆开放高地，一方面对接"一带一路"等国家发展规划，争取国家政策；另一方面不断改革创新，自身谋划改革，形成重庆经验和模式。重庆"十三五"规划将充分利用改革、开放和创新三大动力驱动，推进"十三五"战略目标的实现。其规划目标包括：（1）总体目标：建设长江上游经济中心、国家中心城市和内陆开放高地；西部开发开放的重要战略支撑、长江经济带的西部中心枢纽；"科学发展、富民兴渝"和全面建成小康社会。（2）具体目标：一是建设"三中心两集群一高地"。要建成"三中心两集群一高地"，实现"三个领先"，即建成长江上游金融中心、商贸物流中心和科技教育中心，建成重要产业集群和城镇集群，建成内陆开放高地，实现经济发展水平、社会发展水平、人民生活水平在西部领先。在此基础上继续努力，到2020年，重庆发展的全面性、协调性、可持续性进一步增强，居民生活质量进一步提升，社会文明程度进一步提高，建设更高水平的小康社会。二是依托西部开发开放和长江经济带建设，打造西部开发开放的重要战略支撑、长江经济带的西部中心枢纽，并建设国家中心城市。

（四）深圳市"十三五"规划目标

"十三五"时期是深圳全面深化改革、转变经济发展方式、进一步打造"深圳质量"的重要时期。深圳市"十三五"规划突出强调创新驱动，敢为人先，把"深圳质量"推向新高度。深圳的总体目标是建设现代化国际化创新型城市，未来五年率先全面建成小康社会。具体目标主要有：（1）建成更具改革开放引领作用的经济特区。系统推进全面创新改革试验，率先在改革重要领域和关键环节取得决定性成果；在国家"一带一路"和自贸区建设中发挥重要的先锋作用，前海开发开放取得重大突破，率先建成要素有序自由流动、资源高效配置、市场深度融合的开放型经济体系，形成全方位开放新格局。（2）建成更高水平的国家自主创新示范区。全面落实《深圳国家自主创新示范区发展规划纲要（2015—2020年）》。率先形成符合创新驱动发展要求的体制机制，科技支撑引领经济社会发展的能力大幅提升，成为具有世界影响力的一流科技创新中心。到2020年，全社会研发投入占GDP比重达到4.25%，每万人拥有发明专利76件以上。（3）建成更具辐射力、带动力的全国经济中心城市。综合经济实力显著提升，发展方式实现根本性转变，成为中国经济"升级版"的标杆。到2020年，GDP总量达2.6万亿元左右。现代产业体系核心竞争力进一步提升，高新技术、金融、物流、文化"四大支柱"产业地位更加巩固，战略性新兴产业主引擎作用更加突出，服务业高端化特征更加明显，金融中心、国际物流枢纽城市功能显著增强，成为重要的生产要素配置中心、信息资源交流中心和高端商务活动聚集地。（4）建成更具竞争力、影响力的国际化城市。坚持依托内地、服务全国、面向世界，更加善于统筹国际国内"两个大局"，成为代表国家参与全球竞争合作的先行区，成为若干领域在亚太乃至全球具有重要影响力的国际化城市。到2020年，外贸进出口总额和对外投资总额继续保持全国领先水平，培育形成一批新的本土跨国企业，本土企业进入世界500强数量达8—10家。（5）建成更高质量的民生幸福城市。牢固树立以民为本的执政理念和价值追求，实现全体市民共建共享、包容发展，全面实现基本公共服务均等化。到2020年，居民人均可支配收入达到6万元，民生保障水平居全国前列。

在梳理了国内主要一线城市的发展规划定位和目标之后，还需要参考和借鉴国外主要城市的规划愿景和目标。对于定位于"现代化国际性人文绿都"的南京而言，这是保持国际视野、与国际接轨、打造国际水平的重要方式。因而，本书梳理了巴黎大区、东京、伦敦、纽约、墨尔本和首尔等六个国际大都市的规划愿景、目标和具体项目，如表4—2所示。

表4—2　　　　　　国际主要城市 2030 规划愿景与目标①

城市	规划愿景	规划目标	具体项目
巴黎大区	确保 21 世纪的全球吸引力	构建更完善以及交通更便捷的城镇中心	扩大城镇中心；城镇中心发展集群的平衡和焕发活力；空间项目促进集群网络的运作；住宅建造中需确保的关键部分；通过更好的公共交通网络的运作和铺设，使城镇中心的交通更便捷；发展和铺设城镇绿化
		中心城镇和其各极点：城市的均衡和功能	加强城镇的各组织集群；促进交通便捷地区的发展；机场区域：进入门户、国际交流和经济发展的战略地区，但要减少危害；开发绿化环带
		中心城镇外大规模区域的生活质量和加强的活力	与跨大区活力相联系的活跃而均衡的城市；没有铁路网络连通的城市发展很受约束；开发农村地区的不同功能；加强景观优势和大区自然公园系统；考虑生态系统，提升文化遗产，发展旅游业
		战略性和有限性地理规划	改善就业，加强经济实力以及国际吸引力；大规模建设房屋，尤其是社会房屋；环境明显改善；将优先区域作为大区层面上维持稳定和团结的工具
东京	都市圈巨型城市群	确立首都的自我个性	新都市结构的重组
		经济活力的再生（增强国际竞争力，带动日本发展）	环状巨大都市群的结构优化；实现快速交通连接；通过都县联动提升空港功能；东京湾的一体化建设——打造形成东京湾海滨地区都市轴；构筑高效的广域物流系统
		形成可持续居住环境	推进广域联合防灾；加强首都机能（国家中枢机能）的应急管理；改善东京湾水质；针对大气污染的联合举措；废弃物处理与再利用
		发挥全球性魅力	首都圈巨型城市群信息网络；培养支撑 21 世纪发展的人才；构筑产业政策方面的跨区域网络；区域行政管理创新

① 郭爱军、王贻志：《2030 年的城市发展：全球趋势与战略规划》，格致出版社 2012 年版。

续表

城市	规划愿景	规划目标	具体项目
伦敦	更宜居的城市	在伦敦范围内，在不侵占其开发空间的前提下，满足伦敦增长	增加在已开发地区发展的比例；增加住宅发展的密度；保护城市公共绿地
		使伦敦变成更宜居的城市	增加新住房；增加廉价房
		使伦敦成为一个更繁荣的城市，有着强劲且富于多样化的经济增长	通过提高在伦敦工作的居民比例提高可持续发展和社会包容；确保在办公市场有足够的发展容量；经济和人口的发展方向要遵守子区域的分配并满足东伦敦的优先权
		促进社会融合，解决贫困和歧视	在就业市场上增加残障人士的就业机会；通过改善地区间的关系来作为消除社会不均的方法
		提高伦敦的交通可达性	降低私家车的依赖度并达到更可持续的旅游模式；增加公共交通运能；在公共交通可达性等级高的地区增加工作数量
		使伦敦成为更具吸引力、精心设计、绿色环保的城市	保护生物栖息地；增加家庭垃圾的回收利用或制成混合化肥；提高二氧化碳排放；增加从可再生资源中获得生产能源；确保有合理的应对洪灾的方法；保护和发展伦敦的传统和巩固领域
纽约	更绿更美好的都市	高效利用土地，保护并提高城市生活质量	为100万新纽约市民建造更经济和可持续发展的住房
		减少水污染，保护自然区域，把90%的水道改造为娱乐设施	建造关键性备用系统，保证老化的供水系统的长期可靠性
		增加交通容纳力，争取实现道路、地铁和铁路的全面"良好保养状态"	扩展主要基础设施，改进公交服务，延伸轮渡系统以及完成自行车总体规划等措施，实现交通网络的改善；改善道路管理和拥堵收费，减少不断增加的瘫痪状况

续表

城市	规划愿景	规划目标	具体项目
纽约	更绿更美好的都市	提高能源基础设施，为纽约居民提供更清洁、更可靠的电力	一方面增加清洁能源的供应，另一方面在需求增长的条件下，降低能源消耗
		拥有美国大城市中最干净的空气质量	减少有害气体的排放，积极治理污染源；改善公共交通工具；提高燃料效率，使用更清洁燃料，改造发动机，安装反怠速技术等
		减少30%的温室气体排放	开展一项长期的行动，形成应对气候变化的综合战略，使纽约能够更好地应对已经无法避免的气候变化
墨尔本	构建区域性城市网络	更加紧凑的城市	为高品质开发、活动及居住建立公共活动中心；在目前以商业形态为主的城市中心区，增强公共服务设施配套，包括延长服务时间，拓宽服务范围；将一定比例的新住宅开发规划在城市活动中心以及其他战略性再开发区域，为居民提供良好的生活服务与交通便利
		更好地控制大都市区增长	城市外围区域的发展必须依托交通枢纽和交通设施；将城市扩张和发展集中在大容量交通设施区域；注重合理确定开发次序，确保社区从建成之日起具备完善的服务设施
		区域性城市网络的构建	促进区域城市和处于地区交通走廊上关键城镇的发展，使其成为网络化城市格局中的组成部分
		更加繁荣的城市	将经济规划与交通规划相结合；强化城市功能；加强对公共活动中心的规划和管理；进一步发展交通网络和货运通道，确保维多利亚州国家级物流中心的地位；制定维多利亚州货运和物流发展战略；在现有和新兴工业、研究以及教育领域中，为创新和知识经济的发展创造机会

城市	规划愿景	规划目标	具体项目
墨尔本	构建区域性城市网络	充满活力的城市	加强活力的城市；加强城市设计规划，使环境变得更加宜人和具有吸引力；将环境建设与社区、文化相结合；提供优质的建筑形态；对于文化认同感和社区归属感予以保护；保护文化遗迹；构建良好的社区邻里关系，打造富有吸引力、适宜步行、风格多样的社区；改善当地公共开放区域的品质和布局，建立长效管理机制；保持并强化墨尔本的旅游产业发展优势，打造成为旅游胜地
		更加公平的城市	增加区位较佳、价格合理的商品房供应；制定规划，确保社会基础设施均衡分布；确保新开发区域服务设施配套建设的协调性和及时性；形成良好的文化氛围，提供更多的艺术、休闲和文化设施
		更加绿意盎然的城市	确保水资源可持续利用；减少废物产生的数量，鼓励废物循环再利用；通过国家和国际层面的努力，减少能源消耗和温室气体排放；保护和改善绿色植被；制定温室效应对策略
		更完善的交通网络	发展骨干公共交通网，提升公共交通服务水平，加强各公共活动中心以及墨尔本和周边城市的联系；用更为快捷、可靠和高效的公路、铁路等公共交通设施来改善现有运作的公共交通网络；制定城市发展规划，使得工作和社区服务变得更为便利；对交通运输方式进行协调和整合，发展综合性交通运输系统；通过构建有效、安全的交通运输网络并充分利用现有的基础设施，实现综合性、可选择性和平衡性的发展目标；审查交通运输规划（包括设计、建造和管理等），减少对环境的影响；在制定城市发展规划及管理街区道路系统时，应当充分考虑到骑自行车和步行等出行方式；提倡使用可持续性的个人交通工具

续表

城市	规划愿景	规划目标	具体项目
墨尔本	构建区域性城市网络	更合理的规划决策流程与更细致的运营管理	实现更为合理的规划决策流程；加快申诉问题的解决；确保《墨尔本2030规划》能够适时更新；以全民参与的方式贯彻《墨尔本2030规划》
首尔	全球气候友好城市	气候友好城市	扩大适合首尔的新能源/可再生能源的生产销售（从能源消费城市转型为能源生产城市）；聚焦建筑与交通部门的温室气体减排；将首尔的光源更换成LED，建立以IT技术为基础的能源管理系统；建立"完全循环"的资源管理系统；开展名为"合理不便"的低碳公民运动并注重教育
		绿色增长城市	适合首尔的十大绿色技术；新增100万个绿色就业岗位，建立市值1700亿美元的绿色市场
		先进的适应性城市	为气候变化的影响及易感性评估建立一体化的应对系统；在包括传染性疾病的五大易感性方面推行高效管理政策

二   南京"十三五"发展的战略目标

以习近平总书记系列重要讲话特别是视察江苏时的重要讲话精神为指引，坚持"现代化国际性人文绿都"的发展定位，紧紧围绕建设"一带一路"节点城市、长江经济带门户城市、长三角区域中心城市和国家创新型城市的目标，以提升发展质量和效益为中心，以创新、人文、绿色、国际化、法治化、均衡化为战略导向，主动对接国家战略，积极适应经济新常态，全面推进经济、政治、社会、文化和生态文明建设，全面提升城市治理体系和治理能力现代化水平，确保率先建成更高水平全面小康社会，在建设"经济强、百姓富、环境美、社会文明程度高"新江苏的征程中干在实处、走在前列。

综合国内外发展环境，国家、江苏的战略要求和南京的发展阶段，南京"十三五"时期发展总体目标是：深入实施创新驱动发展战略，以改革开放为动力，以推进"五个迈上新台阶"为主抓手，大力发展创新型经济、服务型经济、开放型经济、枢纽型经济和生态型经济。到2020年，要实现"一个高水平建成、六个显著"的奋斗目标，即高水平全面建成小康社会，产业结构显著提升，城乡面貌显著变化，生态环境显著改善，民生福祉显著增加，文化自信显著增强，党的建设显著加强。①

三　南京"十三五"发展的概念定位

在上述目标下，南京"十三五"的概念定位可以概括为"5 全发展—5 型经济—5G 都市"，如图4—4所示。

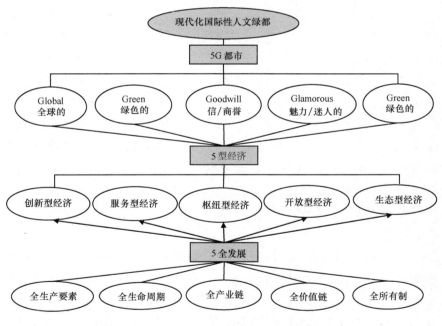

图4—4　"5 全发展·5 型经济·5G 都市"

---

① 参见《南京党代会提出"一个高水平建成　六个显著"目标》，2016 年 10 月 31 日，人民网（http：//js. people. com. cn/n2/2016/1031/c360300 – 29233489. html）。

"5全发展"和"5G都市"的内涵，前述部分已经进行了阐释，在此不再赘述。而"5型经济"是指创新型经济、服务型经济、枢纽型经济、开放型经济、生态型经济，这是当代经济增长的新价值导向、新的城市核心竞争力。在当下时代，应该大力发展创新型、服务型、枢纽型、开放型、生态型"五型经济"，努力把南京打造成为具有国际竞争力的国家创新型城市、全国重要的现代服务业中心、具有国际影响力的对外开放新高地、宜居宜业宜游的人文绿都，把枢纽经济打造成新时期南京加快发展的重要经济品牌。

"5全发展·5型经济·5G都市"，总体上阐述并衔接了"现代化国际性人文绿都"的城市定位。

四　南京"十三五"发展的主要标志

一是重点领域改革取得显著成果。经济、社会、文化、生态等各个领域的改革全面深化，治理能力和治理体系的现代化水平显著提高，市场配置资源的决定性作用得到有效发挥，政府职能进一步转变，开放型经济新优势更加突出，经济社会发展活力极大增加，形成系统完备、科学规范、运行有效的制度体系，各方面制度更加成熟、更加定型。

二是现代产业体系基本形成。服务经济与高端制造并驾齐驱的产业结构全面形成，高端化、集约化、服务化水平显著提升，服务业增加值占生产总值的比重达到60%以上，现代农业发展水平达到90%以上，战略性新兴产业核心优势基本确立，先进制造业竞争力全面提升，形成以服务经济为主导，先进制造业为支撑、都市现代农业特色发展的现代产业体系。

三是科技创新能力显著增强。具备国内一流水平的重大科技成果不断涌现，区域协同创新体系初步确立，具有较强研发实力和自主创新能力的本土企业逐步出现，一批高端创新人才加快聚集，创新氛围和环境日益浓郁，科技进步贡献率达到65%，建成国家创新型城市。

四是文化软实力显著增强。社会主义核心价值观深入人心，市民综合素质和社会文明程度明显提高，公共文化服务体系较为完善，文化产业发展水平明显提升，文化产业增加值占比提高到8%，历史文化名城建设扎实推进，文化的国际影响力和辐射力显著增强。

五是公共服务和民生福祉显著提升。城乡居民收入持续稳定增长，收入分配差距进一步缩小，社会保障体系和住房保障体系更加完善。基本实现基本公共服务均等化，市民享有更公平的基本教育和医疗卫生服务，公共服务完善，主要健康指标达到国内领先水平。义务教育优质教育资源覆盖率达到100%。

六是现代化城市治理水平显著提升。顺应社会发展规律，尊重人民群众要求，凸显以人为本、依法管理、多元治理的现代治理理念，基本形成政社互动、多元共治、充满活力、和谐有序的城市治理新格局。政府理念向服务政府、责任政府、法治政府、廉洁政府方向转变，政府职能更加凸显服务功能。

七是生态文明建设取得显著成效。绿色发展、循环发展、低碳发展得到有力推进，有利于节约资源和保护环境的空间格局、产业结构、生产方式、生活方式基本形成，绿化覆盖率和森林覆盖率进一步提高，全市林木覆盖率提高到30%以上。单位生产总值能耗、单位生产总值二氧化碳排放量、主要污染物排放量削减，空气质量优良天数比例达到80%，地表水省考断面优于Ⅲ类水质比例大幅提升，土壤污染得到有效治理。

第五章

新战略　新路径

　　"十三五"时期，面对新的发展环境和挑战，南京大都市步入了新的发展阶段。在"四个全面""五个新台阶"总要求和推进"四个城市""五型经济"的新目标、要求和布局中，南京开始重新审视和把握发展的新机遇，在建设更高水平小康社会的总目标下，从多规合一、人文绿都、特大城市功能定位及后青奥时代的视角出发，提出了一系列新的发展理念和发展目标，实施了一系列新的发展战略。

第一节　"多规合一"理念下的
大都市发展战略

　　"十三五"是南京市贯彻落实党的十八大和十八届三中、四中、五中全会和习近平总书记系列讲话精神，全面深化改革、推进依法治市和现代化建设的关键时期。习近平总书记对"十三五"规划的新要求是：一张蓝图干到底！他在 2016 年 2 月 25 日视察北京时指出，规划科学是最大的效益，规划失误是最大的浪费，规划折腾是最大的忌讳。同时高层领导特别要求规划要重视细节、重视可操作性。因此，多规合一成为大都市未来发展的重点。"十三五"时期，南京要顺应国内外发展环境的新变化，开拓创新，攻坚克难，重点推进以下几个方面的战略举措。

一　全面深化改革：加速形成市场配置资源决定性作用的体制机制

紧紧围绕发挥市场资源配置的决定性作用，积极培育市场主体，加快完善市场体系和市场机制，努力营造有利于服务经济发展的制度环境，大力推进政府职能转变，力争在重点领域和相关环节取得重大突破。

（一）深化综保区的改革试验建设

"十三五"期间全国自贸区制度创新处于重要的"窗口期"，南京要主动提升综保区的改革力度，必须上升到自贸区的同等高度来思考全面深化改革与全面对外开放。进一步接轨国际投资贸易通行规则和更高标准，在更大范围、更高层次上先行先试，引领江苏新一轮对外开放，形成辐射效应和溢出效应。一是进一步扩大对外开放领域，重点扩大服务业对外开放，顺应国际贸易投资规则新变化；建立适应中美投资协定谈判需要的负面清单管理模式；研究并做好对接竞争中立、环境标准原则和世界贸易组织《政府采购协定》（GPA）的准备，加快构建综保区对外投资促进服务体系和平台。二是进一步完善制度体系，形成适应外商投资的公平透明环境。探索建立鼓励境外股权投资、离岸业务发展的税收政策；建立以企业信誉评级制度为核心的差别化监管制度；健全协同与联合监管制度和综合执法制度；实行负面清单外汇管理模式和事中事后审查为主的金融监管；推行监管的国际一体化，加强监管的国际和地区间的合作；完善市场准入制度；加快构建以信用信息共享和服务平台为重点的社会信用制度。

（二）大力发展混合所有制经济

最大限度地增强国有经济的活力、控制力、影响力，激发民营经济活力和创造力。一是完成国资流动整合机制。以市场公共竞争为基础，形成公开、透明、规范的国资评估和价格形成机制。二是拓宽混合所有制发展路径。充分利用股份制改革、开放性市场化双向联合重组、股权激励和员工持股等多种形式，促进混合所有制经济发展。三是支持民营经济健康发展。坚持权利公平、机会公平、规则平等，废除对非公有制经济各种形式的不合理规定，开放一般竞争性领域和自然垄断行业的竞争性业务的民资控股限制，保障民资平等参与市场竞争。

（三）完善枢纽型的市场体系和市场机制

加快形成公平竞争、开放有序的现代市场体系，着力清除市场壁垒，提高资金配置效率和公平性。一是建立公共透明开放的市场规则和市场机制。实行统一的市场准入制度，在制定负面清单基础上，各类市场主体可依法平等进入清单以外领域，允许更多的民间资本通过竞争进入基础设施和公共服务领域。二是打造一批具有国际配置资源能力的大市场。全面整合产业链和价值链，推动传统实体商品交易市场转向金融、物流和咨询相配套，商品、要素、服务相融合，内外贸易相结合的"升级版"市场新格局。三是积极发展平台经济。培育一批国内外有影响的平台企业，挖掘大数据使用价值，打造特色平台，构建体现"大市场、大流通"的大宗商品进口交易平台。四是加强社会信用体系建设。加快完善覆盖各行业的诚信系统，实现社会信用系统在各部门间的联网共享，建立诚信历史追责机制。

（四）构建服务经济发展的制度环境

以现代服务业综合改革试点为抓手，针对服务经济发展中遇到的体制机制瓶颈，加大创新突破力度。一是放宽服务业市场准入。加快扩大在金融服务、航运服务、商贸服务、专业服务、文化服务和社会服务等领域的开放，暂停或取消投资者资质要求、股比限制、经营范围限制等准入限制措施，激发服务业发展活力。二是创新行业管理方式。顺应互联网金融、供应链平台等新型业态的发展，建立跨界行业的准入及监管机制。三是加大政策扶持力度。完善政府信息资源公共服务平台功能，扩大公共数据资源的开放。对于满足要求的文化创意、研发设计等高端服务企业，可认定其为高科技企业，享受相应的税收优惠。深化"营改增"试点，适度降低供应链物流、租赁等行业增值税。

（五）加大政府改革创新力度

建立负面清单、权力清单和责任清单，努力打造法治政府和服务型政府。一是深化行政审批制度改革。加大行政审批事项清理力度。大力推进行政审批标准化建设，完善行政审批目录管理制度，促进行政审批办事指南的便利化。强化事中事后监管，创新监管方式，提高监管效能。二是着力提高法治化水平。强化法治思维，严格依照法定权限和法定程序行使权力、履行职责。严格实施规范重大行政决策程序。三是扩大政府信息公开。积极探索政府信息公开领域的"负面清单"运作模式。完善互联网信息服务平台和便民服务网络平台，推行网上电子审批"一口对外"和"一站式"服务。

二　推进城乡一体化：实现全域经济社会均衡协调发展

南京要努力破除阻碍城乡发展一体化的体制机制，实现城乡规划、产业布局、基础设施、公共服务、生态环境和社会治理一体化，形成"以城带乡、城乡一体"的新型城乡关系和城乡发展一体化的新格局。

（一）加强镇、村规划建设

一是科学编制镇、村规划。突出镇域规划的引领作用，优化调整城镇空间布局，完善配套设施和服务功能，做强镇域经济。加快编制村庄规划，合理布局生产、生活和生态空间。二是强化新市镇的集聚辐射功能。镇要突出特色，进一步提升产业、公共服务等方面的辐射功能，充分发挥支撑新城、带动农村的独特作用。根据人口规模、时间需求而非行政级别来合理配置镇的功能设施，对于人口多、实力强的大镇，可适当下放区部分管理权，按照小城市标准建设。三是凸显"美丽乡村"地域特色和引导功能。适时推进自然村归并整治和宅基地置换，促进土地节约利用。村庄建设要充分体现地方文化特色，注重乡土文化的保护和传承，加强农村基础管理，促进乡风文明和农村和谐稳定。

（二）统筹城乡公共资源配置

一是加强城乡公共服务统筹，结合常住人口数量。兼顾区域面积等因素，明确基本管理资源，推进中心城区优质社会事业资源和新增公共服务设施向郊区倾斜。增强便捷性和可及性，对于一些适合市场化运作的非基本公共服务。要结合政府职能转变，通过委托、承包、采购等方式，鼓励和引导多元化社会力量参与。二是加强城乡社会保障统筹。加快推进城乡居民养老、医疗、低保制度并轨步伐。出台合作社人员参加职保的相关扶持政策，促进现代农业经营体系的健康发展。三是加强城乡基层设施建设和管理系统，着力构建城乡平等的项目建设管理模式，保证每年郊区投资规模，不低于中心城区投资规模不低于中心城区投入。探索建立区、镇多级项目投入分摊机制。参照中心城区做法确定分摊标准和方法，增加区级部分的分摊比例，加强郊区基础设施运行维护，确保制度、资金、队伍到位，形成城乡一体的维护管理机构。

（三）创新城乡社会治理模式

坚持系统治理、依法治理、源头治理、综合施策的方针，积极培育各类社会组织，切实加强基层组织建设，加快形成政社互动、重心下沉、注重治本的社会治理新模式，确保社会既充满活力又和谐有序。加强基层组织建设。重视基层社区在社会治理中的关键地位，加大体制机制改革力度，优化基层治理体系。一是推进街镇体制改革。剥离街道经济发展职能，行政执法类、专业管理类事务由区级条线部门统一负责，街道不再直接参与。二是推进居（村）委会"去行政化"。制定减轻居（村）委会行政负担的清单目录，梳理取消与其定位不相符的事项，严格新增行政事项的准入。建立以群众评议为主要权重的居村两委考核办法。三是大力推进协商民主。加强街镇"政社合作平台"建设，街道层面做实"社区委员会"，整合好街道党政部门、属地单位、居民等多元主体，积极发挥议事、协商、评议、监督功能。四是强化基层队伍建设。鼓励体制内人员和大学毕业生到居村委施展才干，建立居村委工作人员薪酬合理增长机制。打通居村优秀干部择优选拔纳入编制序列的通道。

三　建设智能基础设施：提升城市治理水平

充分运用科技手段，在创新机制、内涵发展上下功夫，加快建成以人为本、智能高效、低碳绿色、弹性适应的现代化城市运行管理体系。

（一）加快推进智慧城市的建设

大力实施信息化领先发展和带动战略，推动信息化与城市发展深入融合。一是营造普惠化的智慧生活。整合服务内容，拓展服务渠道，创新服务模式。深入推进与市民生活密切相关的公共服务信息化。二是发展高端化的智慧经济，广泛用于信息技术。促进产业高端化、集约化、服务化，加快培育新产业、新技术、新业态、新模式。三是完善精细化的智慧城管。利用信息技术在采集、储存、分析、展示等方面的优势。推进信息化在城市建设和管理领域的深度应用。四是建设一体化的智慧政务，利用云计算、大数据、移动互联网等新兴技术，实现政府资源整合、流程优化和业务协同，提升政府管理水平和效率。五是打造智慧城市"新地标"。围绕智慧社区、智慧村庄、智慧商圈、智慧新城，全面推进创新试点和应用示范。

（二）提高城市标准化管理水平

按照科学化、标准化、常态化的要求，进一步完善城市管理的体制、机制、法制，建立城市综合治理标准化长效机制。一是创新城市管理体制机制。在街道层面设立城市综合管理机制，加强条块城市管理队伍的协同，促进城市管理重心下沉，加强网络化与"大联勤""大联动"12345热线的衔接，推进网格化管理向基层延伸。二是运用科技手段嵌入城市管理，顺应全球新一轮科技变革的趋势，继续推进宽带城市、无线城市建设。充分运用互联网、云计算、大数据等科学技术，构建泛在融合的城市管理的体系，提高城市管理智能化水平。三是扩大全社会的广泛参与。涉及市民切实利益的城市管理事项要充分听取群众意见，鼓励社会组织参与城市管理，充分发展居民自治作用，努力构建共管、共治、共享的城市治理新模式。

（三）加强城市安全运行机制建设

强化重点领域和薄弱环节的安全管理，严守城市安全底线。一是强化食品药品安全监管。整合食品生产、流通、消费环节的监管力量，健全食品安全监管网络，完善食品原产地可追溯制度。完善食品安全信用体系、法律法规和标准体系建设。二是强化安全生产监管。落实"三个责任"，即企业法人主体责任、政府部门监管责任和基层属地管理责任，完善法规政策、技术服务，严防重特大安全事故发生。三是强化立体化社会治安防控。充分运用信息化手段和巡逻管控、户籍管理等多种方式，加强重点地区、重点场所的社会治安综合治理，深化平安社区建设。

四　全面服务国家战略：发挥区域发展战略支点作用

南京要努力发挥在泛长三角一体化、苏南自主创新示范区、南京都市圈中的区位和功能优势，主动对接国家战略，大力推进区域经济合作，在更高起点上推动区域联动发展。

（一）主动服务"一带一路"及长江经济带发展规划

"十三五"期间，南京应主动对接"一带一路"及长江经济带发展规划，积极对接上海自贸区改革与开放的经验，发挥南京作为长三角面向中西部的门户城市功能，在整个长江经济带中，谋划构建高端的大区域性服务中心和科技创新中心。利用上海自贸试验区建设的历史机遇，放大南京综保区在长江经济带中的进一步带动内陆开放的功能，突出扩大转口贸易服务规模和效率提升。鼓励企业"走出去"，主动融入"一带一路"及长江经济带的资源整合体系。

（二）主动对接上海、浙江、安徽，推进长三角一体化发展

当前长三角一体化发展已经从过去基础设施一体化转向城市协同发展。积极发挥长三角协同创新优势，与沪、浙、皖等省市的自贸区和相关城市协同共建"一带一路"，发挥南京的区位优势，将苏、浙、皖等省庞大的制造业产能转化为内外部贸易红利。加快自贸试验区制度创新在南京的复制推广，按照"可复制、可推广、可辐射"的要求，充分发挥南京综保区与自贸试验区的桥接作用，在条件成熟时，可考虑自贸试验区跨省共建，放大自贸试验区的辐射效应。

（三）高质量做好新疆和西藏的对口支援工作

编制好新一轮对口支援规划。进一步加强组织领导和统筹协调力度，构建全方位、宽领域、多层次的大帮扶工作格局，推进对口支援工作。充分发挥南京资金、技术、人才、信息等优势，进一步深化经济技术、人才交流、资源开发等方面的合作，探索产业合作的新方式和新模式，加快实现从"输血"到"造血"的转变。创新对口支援的思路，充分发挥市场在资源配置中的决定性作用，积极调动社会和企业的积极性，"政府搭台、企业唱戏"，提高对口支援工作的效率。

第二节　特大城市功能定位下的人口优化战略

针对南京存在人力资源供给与经济发展需求的不平衡性、产业结构变动与人才结构优化的不匹配性、人力资源分布与经济发展空间布局的不协调、国际化人才培养对国际化城市建设的滞后性等问题，本书提出应对人口结构变化提升南京城市竞争力的战略举措。

一 控制城市规模：优化人口空间布局

根据中央对特大城市社会治理的要求，一方面从特大城市发展的高端性和有限性思维出发，通过功能选择—产业取舍—限制开发空间、控制开发强度—实现城市人口调控、社会和谐治理，最终达成对于城市病的根本解决和对于人民群众多元化、多层次的需求（马斯洛需求）升级的响应。另一方面，从城市势能疏解和区域协同发展的思维出发，通过规划创新释放特大城市（尤其是中心城）的增长极核势能，通过大都市圈大中小城镇空间组织创新推进公共服务均等化，通过城市—区域融合制度创新实现城市群与区域的辐射承接，最终达成由南京都市区向培育具有国际竞争力的全球城市—区域的升级。

具体而言，一是实施协同发展的城乡总体规划技术路线。以城市总体规划人口规模预测、人均建设用地等技术，协同经济社会发展规划、土地利用规划和城市总体规划等多类规划，做好有效衔接。针对人口结构的发展现状与变动趋势，率先编制南京中长期人口发展的战略设计，出台关于人口与家庭发展的阶段性地方性政策和法规，引导人口结构有序、平衡、健康发展。整合人口发展各类信息资源，建设南京人口发展公共数据中心，动态掌握和挖掘人口结构变化的影响因子，快速响应并分类制定有效应对策略。二是围绕特大中心城区人口疏解、人口总量控制，必须研究如何遏制人口无序过快增长的势头，积极探索人口调控的措施办法，抓好以业控人、以房管人、以证管人。创新和加强特大城市跨界社会治理的实践，以青奥村、南京综保区等样本案例，探索建设国际化的公共服务体系。加快宁镇扬都市圈、外围城镇、大区域的公共社会征信系统等同城化公共服务体系建设和应用对接，强化都市危机应急主体多元化、体系化与区域协同建设，建立有效防范风险社会的治理机制。三是以多层级、多方式推进城镇化，实现人口结构的质态提升与布局优化。非农化的转移就业人口是新型城镇化的主体，应以公平享有发展机会和权益为原则，创造条件为非农化就业转移人口提供可自主选择的工作。建立都市区、新市区、外围新市镇和小城镇在就业、居住、公共服务等方面不同优势的梯度供给结构，以"都市区就业＋定居""都市区就业＋新市区定居""新市区就业＋定居""都市区就业与居住＋

回乡养老""外围新镇就业＋定居"等多种方式解决新型城镇化过程中的人口身份待遇统一和安家诉求，实现以人为核心的新型城镇化。四是加速推进都市区—城乡公共服务均等化进程。优质均等的公共服务是人口合理流动的黏合剂。要大力推进中心城区与外围区域公共服务的均衡化发展，为在不同地域工作、生活的各类人群提供均等、优质的公共服务，营造良好的就业和创业环境。必须加快副城、新市区、地铁小镇的公共基础设施与公共服务体系的软硬件建设，同步配套实施就业、教育、消费、生活、文化与生态空间的营造，在服务均等化的前提下实现人口结构空间分布秩序的有机疏散。

二　产业转型发展：集聚高端人才

由于产业结构调整和城市功能转型尚未完成，针对性的政策安排对于南京的人才结构优化具有非常重要的作用。当前高科技产业的规模和数量不足，导致南京对一流人才的吸引力和凝聚力，低于北上广甚至杭州，形成了高端国际化人才不想来、在宁高校高素质毕业生不想留的局面。每年近25万大学毕业生有2/3以上离开南京择业；只有不到8万人留在南京，且在一定程度上竞争力较弱。毕业生的这种自选择机制长期积累的结果是，南京市具有大学文化程度人口占比较大，人力资本总体水平较高，但优秀人才特别是一流人才占比较低。

要扭转这种不利局面，南京需要继续制定针对特殊人才群体的特殊政策，继续制定针对战略性新兴产业的特殊人才政策，深度挖掘自身资源，加快发展面向世界的产业集群，构筑极具吸纳力的产业平台。这是国内外标杆城市吸引一流人才、提升人口质量的重要战略举措。具体而言：一是分行业制定承接服务业国际转移的策略，拓展服务业吸引外资的有效途径，增强服务业外资流入的吸引力，充分利用各种渠道和形式承接服务业的国际转移。重点发展软件和信息服务业，塑造国际化标志性产业，建成世界软件名城。这既可以吸引国外人才，又能将南京本地大量的高素质大学毕业生留下来工作和创业，实现国际技术移民和本土高素质人才的规模性集聚。二是实施高端研发机构集聚计划，瞄准世界科技前沿开展技术创新，充分利用国际科技创新资源，重点引进一批世界500强和国内500强企业研发机构。在麒麟生态科技城和江宁、浦口、溧水、高淳，规划建设国际企业研发园，加速集聚一批国内外著名企业研发中心。三是深化实施中央"千人计划"南京"321计划"，积极引进海外高层次人才。推进制度创新，积极争取国家支持，进一步完善永久居留制度和探索试行技术移民制度，为海外高层次人才创业创新提供便利。建立以用人单位为主体、市场化运作的海外人才集聚机制，引导用人单位强化主体意识，承担选拔引进人选、搭建工作平台、提供服务保障等主体责任。建设统一的海外高层次人才信息库，完善海外高层次人才联系制度，逐步构建统一、开放、全覆盖的海外人才公共服务平台，为海外人才来宁创业或就业、子女入学、就医等提供"一门式"、全方位的信息咨询与代理服务。建立市、区县两级外国专家管理服务网络，完善引智体系。建设国际性人才市场，建立符合国际惯例的薪酬定价、信息交互机制，加快推进人才与资本、技术、产权等国际要素市场的融合和对接，形成开放度高、竞争力强、流量大的国际人才资源配置中心。

三 市场配置人才：完善人才配置市场化机制

人才制度环境与人才服务体系是衡量一个城市人才发展环境的重要指标，是支撑城市转变经济增长方式、促进产业结构升级以及提升城市功能的重要基础。同时，健全的人才制度环境与人才服务体系能为城市增强创新能力、提升国际竞争力提供不竭的动力。

在当前深化改革、让市场在资源配置中起决定性作用的背景下，南京要积极营造人才资源市场化配置的制度环境，打破传统计划经济体制下人才资源配置中的命令服从关系，使其转化为市场经济体制下的平等契约关系，充分发挥价格机制、竞争机制和供求机制在人才资源配置中的基础作用。具体而言，一是把建立健全市场竞争规则、强化市场监督、维护市场竞争秩序作为政府工作的重心，使市场导向成为人才流动与配置的基本条件，在市场竞争秩序、人力资本参股、知识产权维护、商业机密保护、创业融资渠道、人才诚信流动等方面强化制度建设，形成有利于人才创新创业、有效流动的良好制度环境。建立符合现代人才市场体系要求的竞争秩序，健全人才市场监管法规，保障所有市场主体的平等法律地位和发展权利，从法律和规章制度上保证正常的人力资本市场交易，特别是市场进出秩序（市场主客体的进入或退出应符合有关规定，在确保主体照章放人的同时，确保客体的诚信流动）、市场竞争秩序（自由配置、平等竞争）、市场交易秩序（交易公开化、规范化）、市场管理秩序（流程化、透明化）等方面。二是要进一步强化公共人事服务与现代人力资本服务的衔接。各类人事部门要将重心逐步转移到人力资本服务上来，将人事工作紧密地与人才工作相结合，从传统的人事管理转向现代人力资本服务，从被动转为主动，把人才资源开发放到首位，把人力资本管理提高到组织战略的高度来看待。三是基于社会人核算的社会保障体系的建立健全，减少各类人才发展的后顾之忧。要优先形成社会化的保障体系，努力淡化体制内、体制外的差别，竭力消除不同部门、行业、专业之间的差别，形成基于个人业绩的基本社会保障体系，彻底扭转人才向一部分部门、行业和专业过度集中的单向度流动倾向，减少不必要的"人才过度消费"和"人才浪费"，为人才环境和优化配置提供更为公平、公正、开放的社会保障体系，使人才流动更多地基于最大化的才智发挥，而不是基于不同组织间的政策性差异。四是加快形成市场主导、多元参与的社会性培训体系。各类人才都不可能是简单地由学校培养而成，而是必须通过实实在在的社会实践，在直接、具体的"干中学"的过程中慢慢成才。这就需要以市场需求为导向，调动政府、市场、民间资本等各方力量，逐渐建立成本分摊、利润共享的多元培训体系，将人才的阶段性、学院式培养逐步升级为终生性、社会化的培训模式，使各类人才成为真正顺应社会需求的"学习型人才"。

四　提高人口资质水平：健全人力资本投资体系

人口素质的稳步提升是我国人口发展事业的最显著成就之一，对于国民经济的持续健康发展和社会事业的进步做出了巨大贡献。不过由于我国经济社会发展水平同发达国家相比还有很大差距，加上人口素质基础相对薄弱，所以当前人口素质总体上仍然偏低，难以适应全面建设小康社会和基本实现现代化的需要，稳步提升人口素质将是相当长一段时期内，我国人口工作的核心任务。因此，必须高度重视与人的发展有关的各项工作，加快建立健全人力资本投资体系的步伐。

一方面，健全医疗保健服务体系，稳步提升人口的生理素质。特别是要深化医疗卫生体制改革，理顺医药企业关系和医患关系，提高医疗卫生服务效率；建立健全多层次医疗卫生保健服务体系，优化医疗卫生服务供给；加大医疗卫生保障体系投入力度，扩大城乡医疗卫生保障覆盖范围；推进优质医疗卫生资源的共建共享，提升医疗卫生资源的配置效率。另一方面，完善综合教育体系，稳步提升人口的知识素质。例如全面提升学前教育的覆盖面和教育质量，着力培育特色化高中教育，强化发展职业教育，逐渐强化继续教育，鼓励各类从业人员积极参加多种形式的继续教育，以及优化教育资源配置效率，缩小教育水平的区域差距和城乡差距，促进教育机会公平和教育过程公平等。

第三节 后青奥时代下的奥城国际化推进战略

充分把握奥运契机，运用好奥运遗产，促进城市后续发展，已成为举办地国家与城市政府的共识。南京成功举办第二届夏季青年奥林匹克运动会，正式进入世界奥运城市之列。青奥会的"南京模式"已经被国际奥委会认为是"树立了可持续赛事组织的优秀典范"。南京青奥会在利用好奥运遗产的同时，又创造出丰富的遗产，特别是进一步通过体育与文化的融合，让赛会回归奥林匹克精神的本原，为世界奥林匹克运动注入了新内涵，丰富了新内容。"后青奥时代"的南京城市国际化战略，对促进南京实现亚洲体育中心城市、世界体育名城的建设目标，如期建成"现代化国际性人文绿都"，具有重要的价值引领作用。

一 放大奥林匹克城市效应：加速建设世界体育名城

（一）加速青奥遗产的存化、活化和广泛应用

强化奥运场馆赛后利用，利用南京青奥会的组织经验和硬件设施，以市场方式积极申办、承办大型国际会议和体育赛事，与国际奥委会、联合国等国际组织开展合作项目，打造南京国际赛会品牌。跟踪青奥博物馆运营情况，针对博物馆的藏品补充及运维，推动南京青奥会吉祥物

砳砳等形象元素的再开发，强化后青奥时期博物馆特许商品开发，催生新的具有南京奥运城市特色的文化产品的形成，促进南京文化创意产业的发展。强化青奥遗产与奥运知识体系的研究管理。与相关研究机构、高等院校等合作，将南京青奥知识成果和奥运遗产管理经验形成完整的"南京青奥知识体系"，组织《青奥全书》及奥运题材图书、画册、音像制品的编辑出版，应用于未来奥运会和大型活动的申办、筹办工作。

（二）积极延伸体育外事工作，进一步强化国际联络

密切和深化与各类国际性组织的网络和资源，在国际赛会、论坛申办举办上，为南京建设亚洲体育中心城市提供强大支撑。继续拓展与国际奥委会等国际体育组织的交往，参与国际奥委会、世界体育组织举办的会议和学术活动，在世界奥林匹克城市联盟中发挥积极的作用，促进奥运城市间的交流。围绕世界性话题和南京实际，创办、举办世界性或区域性的会议和体育文化活动。例如，将"世界青年体育、文化与和平论坛""青奥文化节"逐步发展为有影响力的国际活动。在城市国际化和体育文化生活等主题上，积极开展与国际奥林匹克城市联盟等相关国际组织的交流与合作，积极推动青年体育及延伸主题的国际组织在南京的创立。

（三）扩大南京城市体育人口，加速建设世界体育名城

积极申办各类国际赛会，推动各类奥运/非奥、极限性/休闲性赛会项目落地。推动南京各区分别与国际体育专项组织合作，打造竞技体育和群众体育活动"一区一品"。积极策划开展奥运主题和体育文化主题的城市节庆活动，广泛融合全市和各区群众体育、青少年体育运动和志愿者活动。积极策划组织中小学奥林匹克体育赛事。以奥林匹克示范学校、"同心结"学校、青奥体育文化教育项目为基础，在全市中小学继续开展丰富多彩的奥林匹克教育活动，促进"同心结"学校的对外交流。链接国际体育主题资源，策划开发南京中小学体育运动联赛项目（足球、网球、篮球等单项），积极推动城市内部体育赛会组织化、丰富化、国际化发展。将奥运遗产工作和营造青年文化特色相结合，打造青年特色主题的奥运城市体育文化品牌，推动南京文化创意产业、青年主题产业发展。在更广泛的层面扩大南京城市体育人口，用5—6年时间建设成为世界体育名城。

（四）打造南京奥林匹克特色城市，积极推动奥林匹克精神的城市融合

在成功举办四届南京青奥文化节的基础上，后青奥时代继续举办南京奥林匹克文化节/月，使之发展成为南京传承奥运遗产、开展对外体育文化高端交流的平台和群众乐于参加的奥运城市品牌项目。推动南京青奥志愿精神的传承与国际化传播工作，与奥运城市及相关国际组织合作开发国际志愿者项目，策划和举办城市志愿精神主题的国际传播事件。注重将青奥遗产转化为深层次的城市精神动力，强化广大市民的认同和城市归属感。把握好奥运赛会周期，在夏奥、冬奥、青奥举办年度和举办期间，组织和支持奥林匹克文化月、电影周、音乐周、志愿服务周、创意周等文化活动，让奥运精神和奥运文化在南京此起彼伏，促进南京奥运城市的精神不断升华。

（五）谋划建设全球首个夏季奥林匹克之都

将打造奥林匹克特色城市全面融合到南京的城市与区域规划，力争用15年的时间，到2029年也就是《首都计划》一百年，全方位提升南京城市国际化水平，建成"现代化国际性人文绿都"，形成南京承办全球各类型最高级别赛会的全部基础。到2040年左右，创造和探索2044年或2048年南京申办夏季奥林匹克运动会的条件与可能性。在中华人民共和国成立100周年之际，力争将南京建设成为文化意义上的世界城市，实现自1949年城市新生以来的百年梦想。

二　延伸青奥国际化服务功能：完善城市国际化服务功能体系

（一）将青奥村区域放大为青奥城，优先打造为完全意义上的国际化社区

以"青奥村"建设为契机，加快推进河西新城功能性开发，全力打造一个"国际青奥城"，积极营造城市国际化社会空间，实现办公、生活与国际水平同步，使之成为南京城市国际化生活的核心标志区。以留住"青奥会和青春的集体记忆"作为城市规划新理念，对城市区域、道路、边界、标志物、节点等城市意象载体进行重新规划、设计与改造，打造青奥（青春）城市空间意象体系，给南京、中国、世界留下一笔永久的文化遗产。建邺区及河西新区是2014年青奥会主场馆和青

奥村所在地，是青奥会主题活动中心区，成功举办青奥会为全市特别是建邺区及河西新区和江心洲的发展迎来了又一次重大机遇。在后青奥时代，必须着手对城市规划和建设重新考量，按照举办青奥会的国际标准和工作要求，整体提升城市的软硬件建设水平和国际化水平，带动建邺区及河西新区新一轮的发展跨越，建设一个现代化国际化的新区。

（二）打造国际化自由贸易生活空间，建设城市国际化生活风尚区和示范区

作为一个国际化程度高的城市，必须有相应的国际化商务、商业、生活、休闲空间。国际化的生活和居住对于所在城市的价值在于，对"全球族"时间的"粘滞效应"。所谓的生活居住空间要素国际化改造，就是要求南京要在吃、住、行、游、购、娱的各个环节都要达到国际化水平，或者说都要有达到国际化水平的特定空间与区块。让国际化的游客、旅客、居客，在支付了国际化标准的费用后，享受到国际化的、与世界同步的生活产品和服务。为此，南京需要从生态、文化、餐饮、住宅、交通、旅游、购物和文娱多个方面进行国际化改造，或者进行专项性的国际化自由贸易、生活居住空间打造。真正国际生活区的构建相当庞杂，除了提供公寓、别墅、酒店、会所等物业产品外，更是在营造一个看不见的庞大生活系统。需要考虑多种物业形态的配比和布局、商业配套与居住环境的关系、不同种族不同国别的生活习惯问题、全球通达的信息设施构建、区域交通与机场等大型枢纽的配合、绿化和环境的标准、安保和社区管理、教育配套和医疗配套的独立与完善等。围绕青奥场馆及"青奥村"配套区域，重新考量河西新城的规划和建设，积极营造国际化的城市社会空间，实现办公、生活与国际水平同步，使之成为南京城市生活国际化的核心标志区，成为向世界展示南京现代活力的重要窗口，成为引领南京城市生活居住水平国际化的示范。

（三）全面提高城市公共基础设施建设和公共服务功能供给的国际化水准

延续青奥会的国际标准和工作要求，完善城市文化、教育、体育和休闲娱乐设施，完善城市排水、路灯、环卫、消防等公共设施，健全无障碍设施，提高公交站台、公用电话、邮箱报栏、街头休闲座椅等公共设施的建设和管理水平；加强市容市貌的长效管理，加强对重点窗口区

域管理，提升集贸市场综合管理水平。引入国际化的社区管理理念和服务机制，加快物业管理国际化标准与质量认证，推进物业管理模式与国际接轨。优化城市公共服务与制度供给，提升公共服务的国际化功能要求。加强学习研究国际规则，加快体制机制创新，加快推动制度创新，建立较完善的国际运行机制，基本建立与国际经济、社会、文化发展等接轨的制度规则和符合国际惯例的法规体系。提高公共卫生事业国际化程度，建立结构合理、功能齐全、运行高效的疾病预防控制、卫生监督执法体系，大力提升南京医疗配套服务的国际化水平。探索开发"12345 热线（国际版）"的可行性，开发利用包括语言服务、医疗、交通、国际金融结算、旅游等在内的国际化市民服务系统，提升国际化服务能力。

三　挖掘青奥精神遗产：打造世界健康名城

（一）强化和延伸青奥健康遗产项目，提升和引导全民健康生活意识与行为

强化青奥精神与青少年健康生活方式的融合，以影响三代人的方式传播和覆盖城市家庭的健康生活方式。挖掘南京青奥在教育和青少年健康成长等方面的后续效应，放大亚青和青奥缔结的世界青少年文化交流所产生的正效应。深化青奥健康遗产项目的落实和运行，预防青少年肥胖，全面普及合理膳食理念。对幼儿园、学校、医院和各类单位食堂开展系统的合理膳食知识培训，推广适宜的油盐控制措施，鼓励使用符合合理膳食要求的"健康菜谱"。加强对食品生产、加工、消费、流通领域的监管，鼓励和补贴食品生产厂家开发低糖、低脂和低盐等有利于健康的食品；推广食品营养成分标签。开展膳食摄入量的监测评价，公布监测数据。挖掘和深化青奥体育文化教育遗产的价值和功能，倡导全民体育健身，扩大体育健身人群的覆盖范围。积极营造"天天运动，人人健康""体育生活化"的体育健身社会氛围。动员吸引广大市民坚持参加各类体育锻炼和健身拳操活动。倡导各类组织和社会团体定期举办不同层次、不同类型的全民健身竞赛活动。落实中小学校"1＋1"体育文化教育活动，确保学生每天在校锻炼活动不少于 1 小时，引导学生积极参与体验锻炼活动。将慢行、步道、绿道交通体系融入市政建设，推

动学校体育场所在非教学时间对社会开放。实施全民健身设施工程，加大社区百姓健身房建设以及游泳池、体质监测中心等公共体育设施建设力度，推进学校和单位体育场馆向公众开放。

（二）结合国际奥林匹克精神传播，创造健康的价值理念和健康的人文氛围

以打造奥林匹克特色城市为目标，结合奥林匹克精神的传承与传播，以优化城市生活质量、保障居民身心健康为根本，遵循"人文、绿色、智慧、集约"的发展导向，将"健康"理念纳入"十三五"规划发展导向，建设健康城市，营造健康环境，打造健康社会，培育健康人群，提供健康服务。让健康文化深入人心，努力创新健康文化传播手段，建立健康文化传播体系，开展丰富多样、有益身心的健康文化活动，使健康文化渗透和融入人民群众的日常生活。完善社区社会心理辅导调适功能，及时恰当地在精神层面予以救助。营造健康生活的人文氛围，凝聚形成全市人民共同认可接受的价值观体系，净化社会环境，改善社会风气，引导健康城市，塑造文明环境。加大对尊老爱幼、扶持弱小、奉献爱心等社会公德、传统美德的教育宣传，鼓励形成全社会的人文关怀氛围，推动社会人际关系的健康有序。

（三）大力发展国际化的高端健康医疗产业，建设国际高端健康医疗产业园

充分利用南京乃至长三角地区的优质医疗资源，建立与国际高水平医疗机构的合作机制。做好在宁外籍人士提供优质医疗服务，做好国内居民提供国际水平医疗服务，积极吸引国际医疗旅游人群，加快国际医疗认证。以江北新区建设为契机，大力引进国外战略合作伙伴，规划医疗机构集群式发展，建设南京国际高端健康医疗产业园，以人才、科研、资金扶持为保障，积极参与各类国际医学交流，重点发展国际诊所、国际医疗会诊平台、国际医疗旅游。完善离岸金融、支付、保险等综合配套服务体系，形成国际高端健康医疗研发、服务、人才、资本集聚中心。商业医疗保险是建立在社会基本医疗保险基础上的更高层次的风险保障体系。在产品设计上，商业保险应比基本医疗保险涵盖的药品目录、诊疗项目更广泛，让消费者享受到更好的医疗资源和便利性；在重大疾病险种上提升服务的内涵等。高端医疗保险项目除了提供一般的

保险金赔付外，更多的是通过与专业机构合作为投保人提供健康增值服务。例如，定期对客户进行健康教育，并在特殊时期提供专题讲座（如妇女节的乳腺健康讲座）。更重要的是，当客户发生重大疾病时，可以通过服务平台得到工作人员的专业就医咨询和帮助，并协助客户联系医院进行确诊，帮助客户匹配适合的医生就医。

（四）深化医疗服务体系的改革，建设完善的健康医疗公共服务生态体系

基于司法改革和地方法治改革的发展，加速探索地方性立法的政策引导功能。探索政府与市场相结合的医疗保障道路，对基本医疗保障制度进行拓展和延伸。商业保险机构对比政府办医保机构，在医保管理的专业性、积极性方面都具有一定的优势。在专业性方面，商业保险机构在风险测算、保险精算、理赔网点和管理人员的操作经验上都更具优势。医保商办更能加强对过度医疗、骗保等行为的制约，从而确保医保资金的高效运行。引入商业保险，还可以通过"鲶鱼效应"，提升整体医保的服务水平。深化医改进程，促进商业医保与医院的深度融合。目前我国保险机构与医疗机构的合作还停留在初级阶段。借力新医改，促进医疗机构与保险公司之间形成紧密合作关系，鼓励保险参股建立医疗机构。在目前开放医疗服务市场的环境下，鼓励商业保险公司入股或直接建立医疗机构，将保险与医疗结成共同体，消除过度医疗，减少医疗开支，强化双方在风险控制、数据分析、客户开发与服务等方面的研发能力。加强与金融、保险、互联网、移动互联网应用等领域的跨界协同创新，开发建立人口健康公共数据中心，促进医疗服务信息开源共享，实现健康服务数字化，在公共卫生服务、城市老年群体、社区慢性病群体等领域，率先研发出有效直接的公共服务产品。

（五）积极引导健康医疗主题的亚文化群体，形成一批健康主题性的专业化社会组织

建设健康名城与健康社区的社会网络支持体系，设立"南京健康城市与健康社区建设公益（创投）基金"，大力孵化和培育健康主题类社会组织，强化大学校区·家庭社区·体育休闲景区·健康产业园区的联动发展。社会网络支持体系，由社区、社工、志愿者组织、健康/体育/文化社会组织/团体、专业化中介协调机构等共同构成。引进健康、体

育、生活、休闲领域知名的专业性社会组织，执行政府主体制定的健康名城建设的方针政策，根据社会需求设计制订调整公益性健康生活主题的创投项目计划，直接参与社区、家庭、个体的健康生活服务项目。通过公益基金和项目引导，孵化专业化社会组织参与健康社区建设。孵化、组织、培训形成一支围绕家庭健康、社区健康的志愿者队伍，开拓社区服务新领域，开发健康生活方式和健康生活内容服务产品。在社会组织孵化中，针对健康名城建设，积极引导夜跑族、长走族、"逃离魔鬼岛·铁人三项"、极限运动等亚文化群体形成社会组织，孵化优质健康主题项目。

四　深化青奥文化品牌：谋划世界青年文化（创意）之都

（一）深化和延伸青年奥林匹克文化节，演绎各类主题的世界青年文化月（周）

筹办"世界青年文化博览会"。有重点地举办一批具有较大国际影响和良好社会效益的以世界各国青年为主体的文化艺术及学术交流活动。紧扣青年文化主题，以奥林匹克精神为引领，融合体育、文化、创意、时尚等多元化要素，策划组织世界性的青年文化节庆、博览会、发布会等公共事件。联络在青年发展领域颁发奖学金和资助项目的国际组织和基金会，联合主办不同类型的"世界青年领袖论坛"，聚集其在世界各国资助、奖励的优秀青年到南京来。策划、承办主题性青年文化赛会展览。如青少年机器人大赛、世界手游设计大赛、世界街头青年艺人大会、世界青年极限运动会、中外青年训练营（自行车、铁人三项、悬崖跳水等）、奥运体育主题音乐节电影节等青年活动。

（二）结合青年人才创意创业活动，创造国际化的青年创业创意产品发布平台

塑造"世界青年创业明星城市"形象。加大对青年人才培养、吸引的投入，建立多样化的奖励基金与资助基金，创造城市对世界优秀青年的营销效应，尤其是吸引那些震撼世界的青年天才来南京，让有关这些重要青年天才的关键事件尽可能多地在南京发生。例如，应争取承办微软每年度"创新杯"——"青年有为，智取未来"的全球性青年科技赛事。以世界青年文化、青年创意、青年创业为主题，促进青年主题

的文化产业、旅游产业、创意产业、体育产业、信息服务产业跨界融合创新生长，实现青奥、青年产业、青年创意创业经济与城市发展的有机融合。特别是针对互联网和移动互联网等青年创业创意群体集聚且跨国界性强的领域，积极营造车库创业环境和生态，重视"草根"创新和小微企业创业。建立南京城市特色的、面向世界的"全球青年创意创业奖"，首先针对在宁的优秀青年，其次是通过国际大学网络、企业网络与社会组织，有计划、有主题地资助全球范围内的优秀青年，建立南京自己的外部世界优秀青年网络，并定期召开论坛与联络活动，增加相互的信息沟通与成长帮助，对外塑造出南京这座城市青春、动感、创意、激情的国际形象。

（三）强化与各类国际体育组织的联系，加速形成世界级的国际青年赛事体系

延伸青奥遗产，通过世界级的国际青年赛事承办，促进相关体育运动科学、科技产业、设计研发的成长，打造顶级的国际性青年赛事体系——把南京塑造为青年迈向超级明星（世界冠军）的"试金城"（星探云集城市）。在世界范围内以青年群体为主的国际性赛事，已经有很多相对成熟、市场化程度高、职业化程度高、商业价值高的门类和系列。南京在成功申办青奥会与亚青会的基础上，应往此类赛事进军，形成以奥运体育为核心、青年主题赛会为体系，建立持续性的国际青年赛会承办机制，并促进相关体育运动科学、科技产业、设计研发的成长。具体有以下一些类型：足球方面：申办 U17—U20 世青赛，策划南京"国际青年冠军杯"赛事。足球是真正的世界第一运动，商业价值甚至远高于夏季奥运会，收视率与电视转播收入是所有赛事中最高的。南京可以借鉴欧洲赛季前"国际冠军杯"举办经验，为长远期承办世界杯做准备。网球方面：申办 ITF 青少年赛事，策划 ITF 青年大师杯总决赛。网球与足球、篮球并列为世界三大球，观赏性与商业价值仅次于足球。南京应争取成为 ITF Grade A 级赛事承办城市。Grade A 级赛事目前包括四大满贯公开赛 + 五站（卡萨布兰卡杯、香蕉碗、意大利公开赛、大阪市杯、橙子碗）。绝大多数职业选手是从参加 ITF 青少年赛事开始步入网球生涯的，例如辛吉斯、费德勒、纳达尔、德约科维奇等超级明星。南京应借鉴上海通过举办四届大师杯总决赛，建立 ATP 1000 上海

大师赛举办机制的成功经验，努力争取成为四大满贯以外第六站 Grade A 级赛事举办地。赛车方面：建设国际 A 级赛车场（试验场），申办电动方程式世界锦标赛。电动方程式赛车不同于传统 F1 赛事，"绿色"是南京和电动方程式的共同标签，也是"创新、时尚、和谐"全球新生活理念的集中展示。南京汽车产业的产能将突破 100 万辆，与汽车特别是新能源汽车相关的赛事、科研的国际化进程亟须加快。极限运动赛事方面：在体育实验室项目的基础上，申办国际性滑板、单排滑轮、小轮车等青年赛事。此类赛事在 ESPN 等国际传媒中，有一定的电视转播与商业价值。

（四）延伸青奥国际网络，策划与创办各类型以青年文化为主题的国际性社会组织

在体育实验室、非奥项目等领域，率先尝试创办或嫁接形成国际化的青年社会组织或协会，增加国际青年文化领域的机构数量和集聚度，塑造"南京国际青年城"，策划"世界性城市青年主题节日"。创造具有创意性的青年主题城市节日，如世界青年科技节、世界青年电影节、世界青年电视节、世界青年网游节、世界网络顶级玩家峰会等。以这些主题性的城市青年艺术双年展、拍卖活动、峰会、论坛等为载体，展现世界优秀青年的创作行为与创造性产品，同时配合灵活与敏锐的市场资本力量，让世界优秀青年在南京可以完全展示自己，对接市场，实现自己的价值。结合青奥会的奥林匹克精神主题和青少年广泛参与的主旨，在催化面向国内外青年群体的"青奥经济""青年经济"的同时，组织发展各类与青年创意、创业、文艺群体相关的社群联盟，大力开发相关的国际青年旅游联盟、国际青年创意网络、国际青年极客组织等青年文化主题的国际性社会组织。

第四节　人文绿都视角下的现代化战略

"十三五"时期，南京要顺应国内外发展环境的新变化，开拓创新，攻坚克难，在"现代化国际性人文绿都"的总定位下，重点推进以下几个方面的战略举措。

一　补齐短板"倒计时/抬底部"：更高质量的全面小康建设

从国内城市建设小康社会的进程和南京的实际发展情况看，南京还存在着区域发展不均衡、居民收入增长可持续性弱、环境健康性和自然环境宜人性指标得分低等发展短板，社会管理向社会治理转变缓慢、收入差距扩大、低收入人群社会保障不完善等问题依然突出。要更好、更快、更优地实现南京"现代化国际性人文绿都"的目标，必须在建设更高标准的小康社会中精准克服发展中突出的制约瓶颈。

（一）持续推进民生保障和改善

把保障和改善民生作为发展的出发点和落脚点，补短板、抬底部、促公平、提质量，努力实现共享发展。一是创新基本公共服务的供给。加大对基本公共服务领域的政府购买力度，优先考虑社会组织。在非基本公共服务领域，发挥市场机制作用，选择适宜领域推广PPP模式，通过合作、共建、服务外包等方式，引入社会资本。二是聚焦底部提升完善制度和制定相关政策。收入分配制度改革要着重解决低收入群体的增收问题，完善残疾人特别是重度残疾人的社会保险、社会救助与社会福利制度，完善农村落后区域的基本公共服务供给等。三是着力提高中低收入者收入。完善公共财政体系框架，增加公共财政转移支付能力；完善城乡社会保障体系，提高城乡养老金、最低生活保障家庭低保金、失业保险金等民生保障待遇标准；继续稳步提高最低工资标准，促进低收入职工工资较快增长；建立农民增收长效机制。四是推进城乡发展一体化。以形成多层次、集约型的城镇空间布局为目标，完善和加强镇村规划体系；立足土地环境承载能力，加快调整农业结构和布局，推进农业规模化、机械化、标准化、品牌化发展，构建新型农业经营和社会化服务体系。加强农村环境整治力度，加强河道疏浚和水系沟通治理，改善农村人居和生态环境；加快教育、卫生、文化等设施补点建设，优化郊区农村基本公共服务设施布局，推进郊区农村养老服务能力建设，完善农村各类人群的社会保障制度，推进基本公共服务均等化。

（二）持续深化社会治理改革与创新

首先，进一步深化社区基层治理创新。一是深化街道体制机制改革。加快推动街道办事处的职能转变和运行机制建设，规范区级职能部

门职能，完善条块协商机制。二是提高社区共治水平。加强社区民主协
商，建立自下而上的社区共治议题形成机制。逐步推广社区发展基金，
有序拓展社会资源参与社区治理的渠道。完善社区共治机制，健全和落
实社区代表会议和社区委员会制度。三是完善居村治理体系。进一步推
动居村自治，推进居（村）委会制度建设，形成以自治章程为核心，
以三会制度、村规民约、居民公约为重点，各类决策议事规则和标准为
配套的规章制度体系。四是深化网格化管理。加快街镇网格化中心建
设，进一步向村居网络拓展，完善对网格化运行的监督机制，健全以源
头防控为目标的联动治理机制等措施。其次，积极推动社会组织繁荣发
展。一是深化社会组织管理制度改革。进一步健全社会组织直接登记和
双重管理相结合的登记制度。探索建立行业协会商会管理的新体制、运
行的新机制、政社合作的新关系。二是完善社会组织服务支持。强化支
持型和枢纽型社会组织建设，发挥社会组织服务中心和社会组织孵化基
地的功能，构建社会化、专业化社会组织服务支持网络和综合服务平
台。三是推动社会组织参与社区建设。利用政府购买服务、社区发展基
金、公益创投基金等渠道方式，吸引社会组织进入社区。四是深化群团
组织改革发展。进一步改进党群组织机构设置、管理模式和运行机制，
推进资源向基层倾斜。五是完善社会组织综合监管。推动社会组织加强
自律自治。深化社会组织信用体系建设，加大社会组织第三方评估和信
息公开力度，引导社会公众参与监督。最后，全力保障城市公共安全。
一是完善特大城市公共安全应急预案。系统完整编制针对城市重大风险
源的应急预案，加强预案的实际演练，切实提升演练质量。二是加强城
市公共安全的源头治理。强化安全治理责任制，落实属地监管、行业监
管、企业主体责任。加强城市运行安全大检查和隐患排查治理，强化常
态排查工作。完善城市空间布局规划，合理规划大面积建设应急避难场
所。三是构建多元主体参与的城市公共安全治理体系。搭建政府、企
业、NGO组织以及公民个体等各社会力量协同合作的桥梁，充分调动
全社会的力量，共同应对城市事故灾难重大风险。四是加大城市风险防
控意识和知识技能的宣教。将城市风险防范知识纳入国民教育，加强城
市风险防范知识技能的宣传。开展预防危机的宣传教育活动与自救能力
培训，提高市民安全意识、知识水平和避险自救能力。

二　创新驱动"求突破"：更高水平的人才都市建设

"十三五"期间，南京市人才工作面临新的起点，是推进大众创业、万众创新的关键时期，是深入实施"中国制造2025"和"互联网＋"南京市行动计划的初始期。南京市以"五型经济"为主攻方向，抢占转型升级的制高点，努力把南京建设成为高端人才会聚城市、科技创业领军城市、人才改革先行城市，打造具有国际影响和独特优势的产业科技人才高地。

（一）重点突破人才的体制机制，突出提升高层次人才资源的市场化配置水平

人才工作的改革创新，很大程度上是在党管人才根本原则的指导下，充分发挥市场在人才资源配置中的基础性作用，从而调动人才在创新创业过程中的活力，激发人才的市场价值。一要改革人才在创新创业中的激励制度，以"名利双收"效应激发人才创新创业动力。以市场价值回报人才价值，以财富效应激发聪明才智，促进创新链、产业链和财富链的衔接融合与良性互动，让科技人员在创新活动中得到合理回报，最大限度地释放人才红利和科技红利。加快下放科研成果使用和处置权，让高等院校、科研院所乃至研发团队对科研成果具有收益权，建立科研成果市场化定价机制，利用收益转化、股权激励、所得税递延等政策让发明人获得利益。二要加快完善政府内部人才评价体系、社会人才评价体系与企业内部人才评价体系等，确立以社会组织专家委员会评审人才资格与绩效为主导的人才评价模式，形成以社会评价体系为主导、政府与企业内部评价体系相互促进与市场经济相适应的人才评价体系。三要大力引进国际知名的高端人才服务机构，包括世界知名的"猎头"公司、国际专业培训机构，鼓励"猎头"行业协会等社会组织、企业和中介组织落户江北新区内，根据国家级江北新区的产业需要和管理需要，开展全球人才招聘业务。推进人才中介机构组建行业协会，发挥协会的自主自律作用。制定各类人才中介机构的管理办法，加强对人才中介机构的管理，充分发挥人才中介机构在人才的职业（执业）资格互认、行业自律、行业监督方面的自律作用。立足"合作共赢"，拓展人力资源机构与其他产业机构的交流互动，积极推动人才与资本、人

才与产业、人才与市场的对接，为人才提供多元服务。

（二）持续优化人才公共服务体系，打造高品质的国际化人才公共
服务环境

建立和完善与国际接轨的医疗教育住房体系，是吸引海内外高层次
人才进驻南京的重要因素。在医疗方面，南京特别是江北新区要继续引
进国际知名医疗机构，鼓励社会资本投资举办高端和涉外医疗机构以及
紧缺专业医疗机构。支持国内医疗机构与国外知名机构开展项目合作，
提升高端人才的医疗服务质量。同时，南京要开展引进人才补充医疗保
险试点，鼓励用人单位为高端人才建立补充医疗保险，进一步完善涉外
医疗保险结算网络，实施海外人才在宁就医使用国际商业医疗保险结算
制度；研究解决境外商业医疗保险公司在地保险支付结算难题，推进高
端人才医疗保险结账便利化。在教育方面，加快推动国际学校、中外合
作办学、公办学校国际部的发展，打造多元教育平台。一方面，要推动
与高等教育开展高层次人才开发与培训项目建设，满足人才多层次教育
需求；另一方面，建立和完善满足国际人才子女需求的教育服务体系，
探索与南京大学、滑铁卢大学等国内外知名大学联合办学，促进公益性
国际学校、国际班级的发展，满足海外高层次人才子女就学需求。在住
房方面，南京要继续以公共租赁房建设为主体，加快推进人才公寓建
设，探索在国家级江北新区试点部分商品房以5%比例配建人才公寓，
建设一批科学家国际公寓、青年创新创业社区和外籍人才创业社区。建
立新区统一的人才公寓公共服务信息平台，逐步实现人才公寓的"一口
受理、分区实施、资源调剂"，确保人才公寓发挥最大效应。支持国际
社区发展，鼓励市场主体以多种形式建设人才公寓。鼓励各开发园区根
据产业发展需要，建设满足各类人才住房需求的人才公寓。促进海外人
才集中居住国际化社区建设，积极为境外在宁人士融入社区、参与社区
治理创造条件。

三　文化治理"增自信/育增量"：更具活力的文化都市营造

习总书记在"七一"讲话中指出"文化自信，是更基础、更广泛、
更深厚的自信"。文化自信成为继道路自信、理论自信和制度自信之后，
中国特色社会主义的"第四个自信"。中国正从"文化大国"走向"文

化强国"，南京更要从"文化大市"迈向"文化强市"。

（一）加强公共文化服务，向国际文化大都市标准靠拢

首先，进一步加大公共文化经费投入。完善文化设施建设，重点开发一批国际性博物馆，提高艺术类博物馆的比重，鼓励行业博物馆、私人收藏博物馆建设。提高人均图书馆占有率，设立更多的社区图书馆，使文化服务便捷化、文化产品多样化，重点满足老人、儿童、偏远郊县、低收入群体的文化消费需求，提升工业区、开发区、城乡接合部等新型人口聚集区的文化服务力度。进一步促进公共服务提供主体多元化、管理运行专业化，进一步发挥书展、电影节、艺术节等节庆类活动的载体效应，引导公共文化服务全民参与，激发市民创造力。其次，推动公共文化领域中的文化科技融合，提升文化产业的发展水平。促进公共文化领域和科技的融合发展，实现公共文化服务的科技化。在创新文化制度条件的过程中，寻找更多公共文化服务的现代工具，密切关注科技与文化深度融合所带来的积极社会后果与文化发展机遇，充分调动大数据时代的前沿科技成果向公共文化服务手段功能转换，形成现代公共文化服务体系运行过程中各种有效工具活力竞相迸发的局面。力争在传统的基础上使公共文化服务体系升级换代，运用现代科技手段丰富文化产品与服务的生产和供给，以满足当代人民群众的需求。再次，以公共文化精神为依托，增强精神文化凝聚。努力培育和践行社会主义核心价值观，将其内化为人们的公共文化精神，为南京率先发展提供有力的思想保证、舆论支持、精神动力。实施南京传统文化和红色文化研究工程。系统梳理挖掘传统文化与红色文化精华，从中汲取精神营养，建设和坚守共有精神家园。实施公民道德建设工程，通过讲好"南京故事"，使社会主义核心价值观具体化、形象化。广泛开展道德实践活动、志愿者服务活动和群众性精神文明创建活动，深化文明城市、文明单位、文明村镇创建活动，大力推进社会诚信体系建设，提高百姓的文明意识和文明水平。积极构建全媒体、立体化的社会主义核心价值观传播新格局，努力把南京打造成为价值引导力、文化凝聚力、精神推动力强的思想文化高地。最后，紧紧围绕"文化强市"，加快推进"社科强市"建设。建设一批国内一流、具有南京特色的社科研究基地、新型智库。完善人才培养使用机制，加强社科人才队伍建设。强化对事关南京

发展全局的重大理论和现实问题研究。建立健全区级社科联和市属高校社科联机构，加强基层思想理论建设与宣传工作。

（二）进一步推动文化体制改革，建立更加富有生机和活力的市场运营机制

首先，建立健全市场运营机制是推动文化发展的重要条件。价格机制、供求机制和竞争机制的综合作用共同构成市场机制，其中价格机制是市场机制的核心，对推动文化发展起着非常关键的作用。供求机制和竞争机制对推动文化大发展大繁荣的作用同样突出。针对人民群众日益增长的文化需求，文化产品生产者在生产出数量更多、质量更好的文化产品的同时，还要在贴近群众、服务群众上下功夫。此外，开发市场机制的动力机制、运行机制和发展机制等内容，充分发挥市场机制的调节功能和激励功能，最大限度地利用现有文化资源，推动文化大发展大繁荣。其次，通过文化体制改革，推动文化产业发展。为影视、出版、网络、动漫等创意产业释放更多的政策红利，提升文化产业的原创力，鼓励优秀原文本跨艺术改编，延长生产链，扩大市场影响力。继续推进创意产业园和文化产业基地建设，尤其是促进艺术品、创意衍生品、创意设计等新兴领域发展，抓住上海自贸试验区的建设机遇，探索创新、融合发展模式。注重新媒体的载体效应，引导"在线经济"健康发展。

（三）以居民参与为杠杆，聚焦社区文化建设

首先，引导居民对社区文化服务的认识。加强对社区文化建设的引导，开展多种形式的文化活动，以举办活动为纽带，让居民走出家门，加强邻里之间的联系。社区文化建设要因势利导，倡导健康向上的生活方式，培养高尚的生活情趣，用丰富多彩的文体娱乐活动满足不同层面社区群众多样化、个性化的需求，通过寓教于乐的方式，发挥宣传、教育、引导的潜移默化作用，推动社区群众思想文化、价值观念、生活方式等方面的不断进步和提高。其次，以志愿服务为引领，提高社区成员的参与程度。着力推进志愿服务组织、志愿者与志愿服务活动共同发展，筑牢志愿服务组织基础。鼓励国家机关、群团组织、企事业单位、其他社会组织和基层群众性自治组织建立志愿服务队伍，引导民生和公共服务机构开门接纳志愿者，形成志愿服务工作合力，扩大志愿服务的社会覆盖面。最后，抓好社区文化的队伍建设，为发展社区文化提供保

障。实施公共文化人才培养工程，培养一批具有专业水平的基层文化带头人、文化服务管理人、文化服务项目筹划人等。吸引各类优秀人才进入公共文化服务领域发展，采取远程培训、集中培训等多种方式，建立基层文化队伍培训网络，提高基层文化队伍的专业化水平和综合素质。探索民间文化资源的组织整合和系统化建设，把分布在民间的传统文化资源和群众文化资源系统地组织起来，有选择、有重点地扶持并打造一批群众文化活动品牌，调动群众参与文化活动的积极性，建设地方特色文化繁荣工程。

（四）加大文化"走出去"步伐，讲好"南京故事"，探索"一带一路"节点城市文化传播新路径

一是以多元化的视角选择传播信息，增强文化主动融合力。提升文化力，多用文化、科学等话题，和平等南京特色传播要素，以最具有生存能力的影视作品、舞台表演、出版物、摄影作品等作为文化形式，向世界传播南京的精彩。以"传播"观念取代"宣传"观念，改变非理性的情感表达、空洞和重复的说教，注重传播对象的分散性和差异性，提高传播内容的丰富性和多样性。以单纯的产品输出转向为以产品作为媒介的文化分享，将南京特色的文化资源作为符号植入"南京制造"的产品，辅之以现代化的技术手段，或可将其打造成南京形象对外言说的载体。二是以多极化的渠道传播文化信息，扩大城市文化影响力。充分运用"人"的渠道，通过知名专家学者、留学生等热爱和传播中国传统文化的国际友人和文化使者，以及每一个南京人，将南京的文化种子、文化形象带到世界各地。发挥"平台"渠道，通过国际知名媒体、机构、互联网等新媒体，运用国际化的叙述风格表达内容，做好"南京文化国际表达"，打通交流的话语体系，增加对南京正面形象的报道与言说。发挥民间和中介的桥梁作用，坚持"官民并举"，在推动政府对外文化交流的同时，大力加强民间文化交流；支持参与海外文化中心建设，承担人文交流项目等，更好地推动南京文化走向世界。发挥"城"的渠道，以友好国家和江苏国际友城为重点对象，突出"一带一路"沿线国家及其江苏友城，深入开展双向文化交流与合作，塑造城市文化形象。三是持续策划、申办、筹办国际大型事件。大型事件是一个文化、经济和政治等交流的承载平台。大型事件的举办不仅促进了中外文

化的交流，同时也吸引了外商投资、加快企业输出的步伐，很大程度上提高了城市国际化的"出镜度"。从经济开放性的角度而言，大型事件是衡量全球城市平台经济建设影响因素的重要维度。成功举办 2014 年南京青奥会后，南京在世界的影响力得到极大的提升。南京需要持续不断地举办和承办一些国际性、区域性的大型活动，争取在南京举办大型国际活动，包括奥运会、足球世界杯等大型体育赛事，以推动城市国际化建设。不断扩大城市国际影响力，塑造城市品牌。

四　健康中国"树标杆"：面向全国的医疗服务先行区

十八届五中全会提出健康中国建设的新目标，是我国进入新发展阶段的风向标，也是一个国家在医疗、医保、医药领域的战略深化。习近平总书记在刚刚召开的全国卫生与健康大会上提出要把人民健康放在优先发展的战略地位，以普及健康生活、优化健康服务、完善健康保障、建设健康环境、发展健康产业为重点，加快推进健康中国建设，努力全方位、全周期保障人民健康，为实现"两个一百年"奋斗目标、实现中华民族伟大复兴的中国梦打下坚实、健康的基础。南京市是以健康、绿色为底色的城市，健康更是青奥遗产，健康城市也是对人文绿都的补充和丰满。南京就是要做健康中国的标杆城市、引领城市和示范城市。

（一）配置国际医疗技术与服务要素，先行先试率先开放，加速建成具有国际影响力的医学科创中心、医疗服务中心、健康服务社区

在空间上，优化全市医疗资源的布局，建设区域性健康医疗中心，积极培育智慧医疗、健康养老等新型服务业。南京要借助国家创新型城市建设的契机，将生物医药等医学领域作为未来突破的重要方向，着力打造几所国际一流的医学院和一批国际顶尖的学科集群，着力打通医疗领域产学研用的创新网络，着力推动医疗卫生服务体系信息化技术尤其是移动互联网技术的运用，着力培育世界级的医疗卫生创新企业，真正建成有国际影响力的医学科技创新中心。加快构建从医学院到临床，涉及诊疗、护理、康复、研发创新等多领域的医学人才高标准培养体系，建立全国、亚洲乃至全球的医学人才引进绿色通道，培育一批具有全球影响力的医学领军人才。在满足本市居民多元化医疗服务的基础上，大力发展高端医疗服务业，满足全国乃至全球的相关需求，逐渐形成服务

全国、辐射亚洲、影响全球的国际知名医学中心。积极吸引国际医疗旅游人群，加快国际医疗认证。以南京国际化为契机，大力引进国外战略合作伙伴，规划医疗机构集群式发展，以人才、科研、资金扶持为保障，积极参与各类国际医学交流，重点发展国际诊所、国际医疗会诊平台、国际医疗旅游，不断提高国际合作质量。以国际化、高端化、复合化、市场化为原则，在江北新区打造产业协同、业态复合、投资多元的新型国际健康服务社区。通过引进高端独资的国际国内医疗机构，作为江北新区建设的重要引擎，促进新区快速发展。

（二）从制度层面，加大综合医改推进力度

加快提高"智慧医疗、医联体、家庭医生"的覆盖率，推进"医疗、医保、医药"联动，促进"名医、名科、名院"共建，努力让人民群众从医改中得到实惠。积极用改革的办法力争在完善医疗保险制度、发展社会办医、开展分级诊疗、破除以药养医等方面取得关键性突破。在医疗保险改革上，持续推动医疗保障制度的城乡一体化、市内和市外一体化、国内和国外一体化，加快改革医保支付模式，加快发展商业医疗保险。在社会办医上，加快公立医院改革，放开医疗市场管制，形成公立医疗机构、社会办非营利性医疗机构和营利性医疗机构各司其职、繁荣发展的多元化办医格局。在分级诊疗上，加快形成合理的双向转诊体系，构建基层医疗机构、三级医院、延续性治疗机构各司其职的医疗服务网络。在社区卫生服务上，进一步推动优质医疗卫生资源的下沉，建立基层全科医生的培育体系，加快推动基层服务资源的均等化配置，使社区卫生服务中心真正有能力全面、深入管理居民健康状况，能够满足未来不同阶层、不同人群的基本医疗卫生服务需求，切实成为居民健康的"守门人"。在医药体制上，规范药品定价体制和执行"三分离"政策，即医疗机构和药房经营分离、处方调配权与处方权分离、医师薪酬与药物收入分离，从源头上解决以药养医的机制。在监管职能上，梳理政府各项医疗卫生监管职能，进一步整合现有医疗监管资源，在卫生计生监督（其中的医疗服务监督）、医疗保险监督、药品和医疗器械监督、医疗服务和药品价格监督等部门监管的基础上，组建医疗服务综合监督管理机构，建设一支规范、统一、高效、权威的专业监管队伍，形成监管合力。

（三）加快从"疾病诊疗"向"健康管理"转型，更广泛建设"健康社区"

以标准化推进基本公共服务均等化，打造南京特色的"15分钟社区服务圈"和"5分钟便民生活圈"，进一步完善医疗卫生、文化体育、社区养老等设施，加快形成以社区为基础、与其他设施相衔接的公共服务设施网络。加快从"治已病"向"治未病"转变，从狭义"健康"向"大健康"理念转变，更加重视预防、保健的作用，更加注重"健康管理"的作用。进一步完善全民健身、饮食习惯、卫生保健、慢性病防治、精神卫生疾病、妇女儿童健康等多领域联动的健康预防体系，夯实常住人群全覆盖的健康服务网络。鼓励外资、民资等多种经济形式参与健康产业发展和机构建设，并在进入门槛、规划安排、金融服务、税收等方面给予支持。发展健康产业，引导健康消费，建设国内知名、市场需求层次齐全的医疗产业、医药产业、保健品产业、健康管理服务产业基地。创新发展数字健康、远程医疗、基因检测等新兴健康产业，支持数字化医疗产品和适用于个人及家庭的健康检测、监测与健康物联网等产品的研发，以多层次市场需求推动健康产业发展。以南京环境优势，健康管理、健康养生、中医药、体育健康、老年健康、营养保健等健康产业优势，抗肿瘤、心脑血管疾病等一系列专业优势为依托，推动城市健康产业资源的对外开放。

五　深化社会事业改革创新，提高社会事业发展质量和水平

立足于确保公益，促进均衡激发活力，不断加大社会事业改革创新力度，努力为社会提供多样化服务，更好地满足人民群众日益增长的需求，全面提升社会事业发展水平。

（一）深入推进教育综合改革

坚持教育优先发展，全面贯彻党的教育方针，把立德树人作为教育的根本任务，努力办好人民满意的教育。优化学前教育与早期教育发展。把学前教育与早期教育列为全区教育发展的重点领域，加强规划编制与资源投入，以现代教育理念引领学前教育更好地发展。鼓励社会力量兴办教育，完善财政、税收、金融和土地等优惠政策，健全政府补贴、政府购买服务、助学贷款、基金奖励、捐资激励等制度，鼓励引导社会力量捐款、出资办学、加大对国际著名教育资源的引入，促进以独立举办、共同举办等多种形式兴办教育。

（二）深化医药卫生体制改革

按照保基本、强基础、建机制的要求，重点推进医疗保障、医疗服务、公共卫生、药品供应、监管体制综合改革，为群众提供安全、有效、方便、价廉的公共卫生和基本医疗服务。一是积极推进公立医院改革。完善公立医院以战略管理、全面预算、绩效考核、资产监管为重点的专业化管理制度。二是继续改革医保支付方式，在现有医保总额预付制度的基础上，探索按照病种、项目等多种医保支付方式。三是加强社区卫生。做实社区卫生服务机构维护和促进居民监控职能，全面推行家庭医生制度、加快推进居民电子监控档案建设。四是大力推进社会办医。鼓励社会资金投向多元医疗需求服务领域，优先支持非营利性医疗机构的发展。完善医师多点执业政策，试点民办医疗机构纳入医保定点范围。

（三）完善公共体育设施服务体系

坚持"保基本、广覆盖、可持续、均等化、公益性"的原则，积极推动区级体育中心、单项体育设施、体育主题公园、体育休闲基地等重大设施建设，按照"公益性、基本性、均等性、便利性"，完善基本公共体育设施网络布局，加强居民区体育健身设施建设和管理。提升社区文化活动中心的体育健身功能和作业。加强社区公共运动场建设，进一步加大学校、企事业单位等体育场地向社区的开放力度。建立多层次、多渠道、多媒介综合性信息服务互动平台，方便市民获得体育服务信息，为市民健身提供便捷服务。鼓励社会力量举办各类体育健身设施和体育健身经营场所，鼓励向全民体育健身事业捐赠资金和设施。

（四）大力促进社会组织发展

积极营造有利于社会组织作用发挥的制度环境。一是完善社会组织管理体制。以工会、共青团、妇联和科协、社联、残联等人民团体和群众组织为骨干，认定发展一批"枢纽型"社会组织。二是优化社会组织结构和布局。积极发展公益性服务组织，有序发展基金会组织，培育社区志愿服务类、慈善公益类、生活服务类、社区事务类、文体活动类等社会组织和群众活动团队，规范有偿服务类市场中介组织，加强学会、研究会等学术性社团的建设。三是强化对社会组织的政策扶持。厘清基本公共服务业与社会福利之间的关系，制定政府职能转移、购买社会组织服务和社会组织承接服务资质目录，在财政专项经费支出中扩大购买服务比例，探索关于公益性捐赠、非营利性社会组织减免税等方面的税收优惠政策。建立全区社会组织服务平台，为社会组织提供公共服务产品推介、信息发布、政策咨询、培训交流等服务。四是引导社会组织加强自身建设。进一步完善法人治理结构，加强诚信自律建设，提高社会组织的诚信和公信力。

参考文献

中文文献

1. 《南京市生态文明建设规划（2013—2020）》，宁政发〔2013〕281 号。

2. 《南京市环境总体规划纲要（2016—2030）》，宁政办发〔2017〕68 号。

3. 《南京市"十三五"循环经济发展规划》，宁政办发〔2016〕166 号。

4. 《南京市"十三五"工业和信息化发展规划》，宁政办发〔2017〕74 号。

5. 《加快推进城市国际化行动纲要（2012—2015 年）》，宁委发〔2012〕55 号。

6. 《南京市建设中国智能制造名城实施方案》，宁政办发〔2016〕96 号。

7. 《苏南国家自主创新示范区发展规划纲要（2015—2020）》。

8. 《南京市"十三五"旅游业发展规划》，宁政办发〔2017〕8 号。

9. 白洁、王磊：《基于生产要素视角的中国大都市空间扩展——以武汉市为例》，《经济地理》2016 年第 12 期。

10. 仇保兴：《第三次城市化浪潮中的中国范例——中国快速城市化的特点、问题与对策》，《城市规划》2007 年第 6 期。

11. 车士义、郭琳：《结构转变、制度变迁下的人口红利与经济增长》，《人口研究》2011 年第 2 期。

12. 陈社英：《中国大都市发展与治理研究》，《人口与社会》2016 年第 2 期。

13. 陈小坚：《〈新城市议程〉：通向未来可持续发展的城市化行动纲领——联合国住房与可持续城市发展大会（人居三）综述》，《现代城市研究》2017 年第 1 期。

14. 陈春裕：《南京全力加速城乡一体化发展》，《江苏经济报》2014 年 2 月 20 日。

15. 陈映芳：《城市中国的逻辑》，生活·读书·新知三联书店 2012 年版。

16. 范具才、汪萌、范敏：《南京市城乡一体化实证研究》，《统计科学与实践》2012 年第 5 期。

17. 丰志勇、叶南客、周蜀秦：《人口结构变化与城市综合竞争力提升关系研究——以南京为例》，《南京邮电大学学报》（社会科学版）2014 年第 12 期。

18. 付启元、卢丽菊：《1929 年的〈首都计划〉与南京》，《档案与建设》2009 年第 10 期。

19. 郭爱军、王贻志：《2030 年的城市发展：全球趋势与战略规划》，格致出版社 2012 年版。

20. 国家行政学院经济学教研部：《中国经济新方位》，人民出版社 2017 年版。

21. 付磊：《转型中的大都市空间结构及其演化：上海城市空间结构演变的研究》，中国建筑工业出版社 2012 年版。

22. 方创琳：《中国区域发展规划编制与实施的病理分析及根治途径》，《地理科学》2001 年第 2 期。

23. 韩保江：《新常态下中国经济的难题与出路》，人民出版社 2016 年版。

24. 韩青、顾朝林、袁晓辉：《城市总体规划与主体功能区规划管制空间研究》，《城市规划》2011 年第 10 期。

25. 何一民：《革新与再造：新中国建立初期城市发展与社会转型相关问题纵横论》，《福建论坛》2012 年第 1 期。

26. 何永：《悉尼的绿色奥运》，《北京规划建设》2001 年第 2 期。

27. 黄赜琳：《长三角区域经济增长的人口结构因素分析》，《财经研究》2012 年第 12 期。

28. 侯立平：《欧美养老保险改革及其启示》，西南财经大学出版社 2008

年版。

29. 胡云超：《英国社会养老制度改革研究》，法律出版社 2005 年版。

30. 康盈：《基于"可持续发展"的伦敦奥运规划与实施探讨》，载《多元与包容——2012 中国城市规划年会》论文集，2012。

31. 连玉明：《城市转型与城市竞争力》，《中国审计》2003 年第 2 期。

32. 李菁怡：《南京市推进城乡基本公共服务一体化对策》，《改革与开放》2014 年第 7 期。

33. 李丽萍、黄薇：《武汉市产业结构的偏离度趋势》，《统计与决策》2006 年第 4 期。

34. 李璐颖：《城市化率 50% 的拐点迷局——典型国家快速城市化阶段发展特征的比较研究》，《城市规划学刊》2013 年第 3 期。

35. 梁国勇：《中国经济 2040：全球编剧与中国道路》，中国人民大学出版社 2017 年版。

36. 梁勇、叶南客：《文化建设迈上新台阶》，江苏人民出版社 2015 年版。

37. 刘新宇：《北京奥运的环保遗产传承》，《环境经济》2012 年第 7 期。

38. 路云霞、刘海滨、于忠华、卢宁川、谢放尖、王芳：《南京市环境空气污染特征与治理对策研究》，《环境科学与管理》2013 年第 4 期。

39. ［美］爱德华·格莱泽：《城市的胜利：城市如何让我们变得更加富有、智慧、绿色、健康和幸福》，刘润泉译，上海社会科学院出版社 2012 年版。

40. ［美］刘易斯·芒福德：《城市发展史：起源、演变和前景》，宋俊岭等译，中国建筑工业出版社 2005 年版。

41. 南京市社会科学院：《践行新理念　建设新南京》，江苏人民出版社 2016 年版。

42. 南京市第三次全国经济普查领导小组办公室、南京市统计局、国家统计局南京调查队：《南京市第三次全国经济普查主要数据公报》，《南京日报》2015 年 3 月 12 日。

43. 沈坤荣、蒋锐：《中国城市化对经济增长影响机制的实证研究》，《统计研究》2007 年第 6 期。

44. 宋道雷：《城市力量：中国城市化的政治学考察》，上海人民出版社
    2016 年版。

45. 宋道雷：《国家治理的城市维度》，《求索》2017 年第 4 期。

46. 石楠：《"人居三"〈新城市议程〉及其对我国的启示》，《城市规
    划》2017 年第 1 期。

47. 石楠：《人居三》，《城市规划》2016 年第 11 期。

48. 苏宁、王旭：《金融危机后世界城市网络的变化与新趋势》，《南京
    社会科学》2011 年第 8 期。

49. 陶纪明等：《十三五时期上海发展环节与阶段特征分析》，2015 年 2
    月 20 日。

50. 陶纪明等：《"十三五"时期上海发展环境与阶段特征分析》，《科
    学发展》2015 年第 2 期。

51. 王文生：《以"互联网 + 农业"为驱动　打造我国现代农业升级
    版》，《新农村：黑龙江》2015 年第 13 期。

52. 王向东、刘卫东：《中国空间规划体系：现状、问题与重构》，《经
    济地理》2012 年第 5 期。

53. 王磊、沈建法：《空间规划政策在中国五年计划/规划体系中的演
    变》，《地理科学》2013 年第 8 期。

54. 王岱、刘旭、蔺雪芹：《发达国家应对人口老龄化的对策及对我国
    的启示》，《世界地理研究》2013 年第 3 期。

55. 王红扬：《人居三、中等发展陷阱的本质与我国后中等发展期规划
    改革：再论整体主义》，《国际城市规划》2017 年第 1 期。

56. 王国夫等：《南京人口变动趋势与发展对策研究》，南京市政府办公
    厅《政府系统优秀调研成果汇编（2016 年度)》，2017 年。

57. 武廷海：《新时期中国区域空间规划体系展望》，《城市规划》2007
    年第 7 期。

58. 吴缚龙：《退离全能社会：建设中的中国城市化》，载［美］理查
    德·T. 勒盖茨、弗雷德里克·斯托特、张庭伟、田莉《城市读本》
    （中文版），中国建筑工业出版社 2013 年版。

59. 徐锋：《2015 年南京与全国主要大中城市经济发展对比分析》，《改
    革与开放》2016 年第 7 期。

60. 徐小怗、褚方樵、王莎、杨欣、张安琪：《让南京成为"蓝京"》，《南京日报》2015 年 11 月 26 日。

61. 徐宁：《建设融合发展示范基地》，《光明日报》2015 年 5 月 23 日。

62. 杨建芳、龚六堂、张庆华：《人力资本形成及其对经济增长的影响——一个包含教育和健康投入的内生增长模型及其检验》，《管理世界》2006 年第 5 期。

63. 杨奕萍：《伦敦奥运：一个可持续政策的承诺——访伦敦市长办公室驻北京首席代表刘桐渤》，《环境经济》2012 年第 7 期。

64. 杨莹、李丽、创新：《引领发展的第一动力》，《群众》2016 年第 12 期。

65. 肖仲华：《用常识解读中国经济》，中国发展出版社 2017 年版。

66. 袁书营、孙葆丽：《2012 年伦敦奥运会遗产计划分析》，《武汉体育学院学报》2012 年第 7 期。

67. 叶南客：《区域文化现代化的目标与主体内涵——促进江苏文化率先现代化的战略建设》，《学海》2004 年第 2 期。

68. 叶南客、李芸：《现代城市管理理论的诞生与演进》，《东南大学学报》（哲学社会科学版）2000 年第 2 期。

69. 叶南客等：《区域现代化的理论探索与创新实践——以江苏为例》，中国社会科学出版社 2014 年版。

70. 叶南客等：《中国区域文化竞争力实证研究——走向文化强省的江苏之路》，江苏人民出版社 2008 年版。

71. 叶南客等：《走向现代化南京》，东南大学出版社 2007 年版。

72. 叶南客：《特大城市"十三五"发展的新思维与目标愿景——以南京建设现代化国际性人文绿都为例》，《中国名城》2017 年第 2 期。

73. 叶南客、李程骅：《中国城市发展转型与创新》，人民出版社 2011 年版。

74. 叶南客、李程骅：《迈上新台阶——南京的战略使命》，中国社会科学出版社 2015 年版。

75. 叶南客、李惠芬、谭志云：《新台阶视阈下的南京城市文化建设新论》，《江南论坛》2015 年第 4 期。

76. 叶菁华、陶德凯、王耀南、刘正平：《基于城乡统筹的涉农镇街规划工作探索——以南京市涉农镇街城乡统筹规划为例》，《现代城市研究》2013 年第 1 期。

77. 佚名：《奥运会对承办国经济发展影响巨大》，《商业经理人》2001年第 12 期。

78. 于宏源、赵元佑：《"人居三"会议与中国城市治理的未来方向》，《上海城市管理》2016 年第 2 期。

79. ［英］罗纳德·哈里·科斯、王宁：《变革中国：市场经济的中国之路》，中信出版社 2013 年版。

80. 张娜：《公共文化服务数字化建设中的问题与对策》，《大众文艺》2015 年第 10 期。

81. 张文、郭苑、徐小琴：《宏观视角下我国区域经济发展水平的结构性因素分析——基于 31 个省级地区数据的实证研究》，《经济体制改革》2011 年第 2 期。

82. 张琳盛、秀婷：《城市化对人口红利与经济增长关系的影响研究——基于面板门槛模型的实证分析》，《经济经纬》2015 年第 5 期。

83. 郑琼洁：《人口结构变化与城市竞争力提升的互动关系：理论基础与文献述评》，《南京邮电大学学报》（社会科学版）2014 年第2 期。

84. 郑永年：《未来三十年：改革新常态下的关键问题》，中信出版社2016 年版。

85. 郑永年：《中国如何避免城市化陷阱》，2013 年 8 月 6 日，联合早报网。

86. 周晔：《国际大都市发展的新趋势》，《城市问题》2011 年第 3 期。

87. 《2016 年江苏省国民经济和社会发展统计公报》。

88. 钟水映、李魁：《人口红利与经济增长关系研究综述》，《人口与经济》2009 年第 2 期。

89. 邹士年、李震海：《应对我国人口红利消失的挑战》，《宏观经济管理》2014 年第 12 期。

英文文献

1. Alex Inkeles, David Horton, *Becoming Modern: Individual Change in Six Developing Countries*, Cambridge, Mass: Harvard University Press, 1974.

2. Benhabib J., Spiegel M. M., "The Role of Human Capital in Economic Development: Evidence from Aggregate Cross-country Data", *Journal of Monetary Economics*, No. 34, 1994.

3. Bloom, D., Canning, D., & Sevilla, J., "The Effect of Health on Economic Growth: A Production Function Approach", *World Development*, Vol. 32, No. 1, 2004.

4. Congressional Budget Office, *The Budget and Economic Outlook: Fiscal Years* 2013 *to* 2023, February 2013.

5. Denison, E., *The Sources of Economic Growth in the United States and Alternatives before Us*, New York: Committee for Economic Development, 1962.

6. Maddison A., *Dynamic Forces of Capitalist Development*, Oxford: Oxford University Press, 1991.

7. Marimon, R. and Zilibotti, F., " 'Actual' versus 'Virtual' Employment in Europe—Is Spain Different?", *European Econmic Review*, Vol. 42, No. 1, 1998.

8. Toulemonde, E., "Actual' versus Virtual' Employment in Belgium", *Regional Studies*, Vol. 5, No. 6, 2001.

9. Young, S. C., *The Emergence of Ecological Modernisation: Intergrating the Environment and the Economy*, London: Routledge, 2000.

10. Pauline Marie Rosenau, *Post-modernism and the Social Sciences*, Publisher: Princeton University Press, 1992.

11. Zhiguo Ye, *Big Is Modern The Making of Wuhan as A Mega-City in Early Twentieth Century China*, 1889 – 1957, Ph. D. Dissertation, The University of Minnesota, 2010.

后　记

　　随着新型城镇化和城市群战略的崛起以及经济社会的快速深刻转型，中国大城市的发展地位和战略更显突出。从国际经验来看，大都市的发展在各国乃至世界经济发展中起着龙头作用，具有强大的辐射能力和带动作用。南京作为全国唯一的科技改革试验区、长三角唯一特大城市、东部地区重要的中心城市，正在向现代化国际性人文绿都快速迈进，努力建成首位度高的省会城市、影响力强的特大城市、国际化程度高的历史文化名城、幸福感强的宜居宜业城市，成为中国新一轮城市化和城市现代化的标杆城市。

　　当前，"一带一路"的重大发展使命、长江经济带、长三角区域发展一体化、扬子江城市群等国家、区域重大战略的实施，为南京提供了全新的时代机遇；同时，长期积淀形成的科教与人才资源丰富、综合交通体系发达、历史文化底蕴深厚、生态环境优美的禀赋优势，为南京加速现代化提供了重要的资源依托。近年来的国家级江北新区、苏南现代化建设示范区、苏南国家自主创新示范区的建设，又开辟了更大的都市发展空间，以南京为代表的特大城市正在成为区域乃至国家发展的引擎动力。

　　我们课题组近年来一直在追踪关注以南京为代表的城市创新和现代化发展，在市委市政府的领导下对其顶层设计反复谋划，形成了十多篇研究报告，多次在全国全省性研讨会上交流，并得到较好的社会反响。在此基础上我们又借鉴国内外大都市发展和战略规划的先进经验，多番修改形成了《大都市发展的顶层设计——以南京为例》一书。因此，本书各章的内容构成，可以说是本人近年来主持的研究南京、服务南京的相关重大课题研究报告的系统化，是研究团队集体合作协同创新的成果结晶。

在课题研究和书稿写作过程中，南京市社科联（院）和众多合作部门为课题研究的顺利进行和本书稿的写作提供了良好的科研服务环境。本书由我总体策划并修改定稿，周蜀秦、郑琼洁协助我做了大量整体设计和统稿编辑工作。本书写作的具体分工是：第一章，郑琼洁；第二章，李惠芬；第三章，周蜀秦；第四章，任克强；第五章，丰志勇；前言、后记，叶南客。在此，对课题组各位成员的付出表示感谢。同时，也十分感谢中国社会科学出版社的王茵主任和孙萍编辑，是她们的独到眼光和敬业精神，保证了本书乃至整套丛书的出版和质量。

风正潮平，自当扬帆破浪；任重道远，更需策马扬鞭。"强富美高"的新南京建设并非一蹴而就，我们对大都市发展战略的研究还应坚持上下求索。本书力求以南京为例，分析特大城市的发展战略，希望对当代中国的都市发展战略和对国内相同地域的城市定位及其发展谋划做出积极探索和理论贡献。

叶南客

2017 年 7 月 26 日于成贤街